NOUVELLES ARCHIVES

DES

MISSIONS SCIENTIFIQUES

ET LITTÉRAIRES

CHOIX DE RAPPORTS ET INSTRUCTIONS

PUBLIÉ SOUS LES AUSPICES

DU MINISTÈRE DE L'INSTRUCTION PUBLIQUE ET DES BEAUX-ARTS

NOUVELLE SÉRIE

Fascicule 6

PARIS

IMPRIMERIE NATIONALE

MDCCCGXII

15 man 1913

NOUVELLES ARCHIVES

DES

MISSIONS SCIENTIFIQUES

ET LITTÉRAIRES

NOUVELLES ARCHIVES

DES

MISSIONS SCIENTIFIQUES

ET LITTÉRAIRES

CHOIX DE RAPPORTS ET INSTRUCTIONS

PUBLIÉ SOUS LES AUSPICES

DU MINISTÈRE DE L'INSTRUCTION PUBLIQUE ET DES BEAUX-ARTS

NOUVELLE SÉRIE

Fascicule 6

PARIS

IMPRIMERIE NATIONALE

MDCCCCXII

RAPPORT

SUR

UNE MISSION LINGUISTIQUE

EN ABYSSINIE (1910-1911),

PAR

MARCEL COHEN.

Juillet 1912.

Monsieur le Ministre,

J'ai l'honneur de vous rendre compte de la mission linguistique qui m'a été confiée par décrets du 14 février 1910 et du 29 avril 1911.

Tant au cours du voyage d'aller et retour, et de diverses excursions, que pendant le séjour prolongé que j'ai fait à Addis-Ababa, je me suis constamment préoccupé en première ligne des faits qui offraient un intérêt linguistique. Mais j'ai tenu aussi à ne jamais négliger l'étude de la vie indigène dans toutes ses manifestations, et j'ai recueilli un certain nombre de documents ethnographiques.

Mes études linguistiques et ethnographiques sont déjà et seront encore le sujet de diverses publications. Un court complément à ces ouvrages est donné dans le présent rapport. De plus j'y ai dit avec quelque détail la manière dont se sont effectués mes voyages, dans l'espoir d'être utile à quelque autre voyageur qui voudrait suivre les mêmes itinéraires.

PRÉAMBULE.

L'Abyssinie ou Éthiopie est un empire indépendant situé en Afrique orientale, au sud de la Mer Rouge; elle comprend : 1° au nord, le pays proprement abyssin, qui s'étend de 9° à 15° de latitude nord, sur des plateaux d'une altitude moyenne de 2,000 mètres; 2° au sud, des pays conquis, en grande partie d'altitude beaucoup plus basse, situés entre 9° et 4° de latitude nord.

Les parlers de l'Abyssinie du nord sont presque uniquement des idiomes sémitiques du groupe éthiopien et, sur quelques points seulement, des dialectes agaw (famille chamitique); dans le sud se trouvent répandues, avec quelques enclaves sémitiques, diverses langues chamitiques du groupe galla et du groupe sidama.

Le groupe sémitique éthiopien compose avec l'arabe et le sud-arabique (minéen, himyarite ou sabéen, etc.) la branche méridionale de la famille des langues sémitiques. Il comprend : *a.* le geʿez ou éthiopien ancien, langue morte depuis longtemps, mais qui se survit comme langue écrite; *b.* le tigré (parlé en Érythrée dans la région de Massoua) et le tigriña ou tigraï (parlé en Érythrée et dans l'extrême-nord de l'Abyssinie) qui sont des représentants modernes du geʿez; *c.* l'amharique, langue officielle de l'empire d'Abyssinie, qui représente soit le geʿez avec de fortes altérations, soit une langue non attestée très peu différente du geʿez; *d.* quelques autres dialectes, tels que le harari et le gouragué au sud du domaine amharique.

Le chamitique, famille de langues primitivement apparentée au sémitique, s'en est écarté depuis une époque préhistorique très éloignée; on le divise en : *a.* dialectes berbères de l'Afrique du nord occidentale; *b.* vieil-égyptien et ses dérivés; *c.* groupe couchitique (en Abyssinie et sur ses confins). Ce groupe couchitique à son tour comprend quatre divisions principales : 1° divers dialectes (baria, counama, etc.) parlés actuellement en Érythrée; 2° les dialectes agaw, autrefois sans doute répandus sur tout le plateau abyssin; ils ne subsistent plus que comme enclaves dans le domaine des langues sémitiques éthiopiennes ou sur leurs confins; 3° le groupe composé par le galla (Abyssinie du sud), le somali (Abyssinie du sud, Somalie française, anglaise, italienne), le dankali ou afar (parlé par les Danakil dans la région basse comprise entre le plateau abyssin et la Mer Rouge) et le saho (en Érythrée, au nord du domaine dankali); 4° le groupe sidama, comprenant des langues variées dans le sud-ouest de l'Abyssinie.

Le geʿez et l'amharique s'écrivent au moyen de l'alphabet éthiopien, dérivé de l'alphabet sud-arabique.

Dans les transcriptions de mots abyssins, *w* doit être prononcé comme en anglais, *y* comme dans « yeux »; *ñ* comme en espagnol; ' est l'occlusive glottale, *hamza* de l'arabe; ' est une spirante laryngale, ع de l'arabe, *ḫ* une autre spirante laryngale, analogue au *ch* dur allemand; *š* équivaut à *ch* du français, *č* sensiblement à *tch*; les lettres pointées sont articulées comme la consonne simple (prononcée sans doute avec une certaine tension des organes, voir p. 29) suivie de '; *q* équivaut à *k*'; *ḇ* est un *b* spirant (*v* bilabial); *s* est toujours sourd, comme *ss* du français. La voyelle *u* est *ou* du français, *ə* est *e* muet du français.

La carte constamment citée n'est pas le croquis joint à ce rapport mais la carte française du Service géographique de l'Armée, carte d'Afrique au 1/2000000, feuille *Gondar*.

VOYAGE DE DJIBOUTI À ADDIS-ABABA.

Embarqué à Marseille le 25 avril 1910, je suis arrivé à Djibouti le 5 mai. Mon court passage dans cette ville, et aussi mon séjour à Dirré-Daoua, m'ont permis de constater un fait intéressant : c'est la diffusion chez les Somali de la langue arabe; la plupart des hommes somali, ceux au moins qui ont affaire dans les villes et sont plus ou moins en relations avec Aden, sont des bilingues : en plus de leur langue nationale, ils parlent couramment et correctement l'arabe; maintenant un certain nombre d'entre eux apprennent aussi un peu de français. Mais on m'a dit que les femmes ne savent que le somali.

Je suis parti de Djibouti, en chemin de fer, le samedi 7 mai, et suis arrivé le même soir à Dirré-Daoua, première place éthiopienne. Là, le bon accueil de M. Naggiar, consul de France, et la complaisance des autorités abyssines m'ont facilité les premières opérations nécessaires : engagement d'un domestique, destiné à être mon premier professeur indigène; achat d'un mulet; organisation d'une caravane pour la route de Dirré-Daoua à Addis-Ababa.

Comme je devais faire cette route avec un autre voyageur qui était forcé de retarder son départ de quelques jours, et que nous ne devions pas passer à Harar, je me suis résolu à aller seul visiter cette ville.

De Dirré-Daoua on atteint Harar en une grosse étape d'environ 50 kilomètres, en partie à travers un pays agricole, de population galla; une route a été établie sur une grande partie du chemin; mais déjà là j'ai pu observer l'ordinaire incurie abyssine : tous les ponceaux jetés sur les petits torrents que le chemin traverse étaient effondrés. J'ai séjourné le dimanche 8 mai à Harar; la ville et les routes d'accès étaient spécialement animées à ce moment : un nouveau gouverneur, le dédjazmatch Tafari, fils du Ras Makonnen, avait fait son entrée peu de jours auparavant; les petits chefs des environs venaient lui faire leurs visites de vassaux à suzerain; des soldats attardés rejoignaient son armée ou venaient demander à y prendre du service. J'ai eu le plaisir d'être présenté au dédjazmatch en même temps que les quelques membres de la colonie française de l'endroit.

Cette vieille place musulmane est une véritable ville, à population très dense à l'intérieur de ses remparts, dans ses maisons à terrasse de type arabe; on y compte environ 40,000 habitants, mais aucune statistique précise ne permet d'affirmer ce chiffre. Les Harari sont une population à part, plus foncés de couleur que les Arabes, mais beaucoup plus clairs en général que les Abyssins et les Galla.

A une distance de plus de 400 kilomètres de route des limites du domaine linguistique amharique, en domaine galla (près de la frontière des Somali), ils parlent un dialecte éthiopien indépendant, qui leur est particulier. Ce dialecte intéressant a déjà été signalé et en partie étudié par divers savants, notamment par MONDON-VIDAILHET, *La langue harari et les dialectes éthiopiens du Gouraghé* (extrait du *Journal asiatique* et de la *Revue sémitique*), 1902. Néanmoins il est encore mal connu et mériterait une exploration plus complète. Comme je voulais travailler tout d'abord spécialement sur l'amharique, il ne m'était pas loisible de m'arrêter à ce moment à l'étude du harari. J'ai dû me contenter de constater que cette étude ne serait pas difficile : on m'a assuré que la langue harari est encore très parlée dans la ville et qu'il serait aisé de trouver des informateurs qui accepteraient de l'enseigner à un étranger. Mais il faut souhaiter qu'on n'attende pas trop longtemps pour recueillir ce langage le plus complètement possible. En effet une langue aussi strictement locale, dans une grosse place qui est un centre de commerce et une tête de routes, est menacée de disparaître au profit de grandes langues de relation. Ici encore (comme chez les Somali) l'arabe a joué son rôle fréquent de langue d'intercommunication entre populations musulmanes : il est extrêmement répandu chez les Harari dont beaucoup, peut-être la plupart, le parlent; c'était en tout cas leur seule langue écrite avant l'arrivée des Abyssins. Mais depuis la conquête par le Ras Makonnen en 1887, Harar a subi une forte immigration abyssine; en dehors des murs de la ville s'élèvent maintenant des groupes de paillottes en bois à toit de chaume, habitations des nouveaux arrivés; l'amharique est la langue officielle, parlée et écrite, et tend à se répandre aux dépens du harari, qui pourrait bien s'éteindre avant qu'il soit très longtemps. Le séjour de la ville de Harar, où résident quelques Européens, serait très facile pour un savant qui voudrait en étudier la langue. On trouve aussi actuellement une petite

colonie de gens du Harar à Addis-Ababa: on pourrait par consé-
quent y étudier le harari; mais pendant mon séjour dans cette
ville le temps m'a malheureusement manqué pour recueillir ce
langage.

Rentré à Dirré-Daoua le lundi 9 mai, j'en suis reparti le vendredi
13 mai dans la direction d'Addis-Ababa. La route que j'ai prise
est celle des Assabot : elle est plus courte et moins accidentée que
celle du Tchertcher qui part de Harar; dangereuse autrefois à
cause des attaques possibles des Danakil, on peut la parcourir
maintenant sans crainte. Le voyage de la caravane que j'ai suivie
a été lent à cause du mauvais état des mulets de charge : il a duré
vingt-trois jours, et je ne suis entré à Addis-Ababa que le 11 juin.
Avec des mulets frais cette route prend de quatorze à dix-huit
jours; la poste la parcourt en sept jours; sa longueur est d'environ 450 kilomètres. C'est ce chemin que suivra, à peu près
jusqu'au fleuve Aouache, la ligne du chemin de fer. Il a été par-
couru par la mission Duchesne-Fournet, et décrit, avec une bonne
carte, dans Jean Duchesne-Fournet, *Mission en Éthiopie* (1901-
1903), Paris, 1909, I, pp. 26 à 49. On trouve là des renseignements suffisants sur les gîtes d'étape et sur l'aspect du pays.
On peut aussi consulter la carte en trois feuilles (Djibouti, Harar,
Addis-Ababa) publiée par le ministère des Colonies.

La région que parcourt cette route serait intéressante à étudier
de près au point de vue ethnographique, et on y recueillerait
aussi sans doute des documents importants pour la connaissance
des dialectes galla : en effet, de Dirré-Daoua, qui se trouve tout près
de la limite des Somali (tribu Issa), jusqu'aux premiers contre-
forts de la falaise du Choa, au delà du fleuve Aouache, on rencontre
en alternance, comme emboîtées les unes dans les autres, des peuplades danakil ou adal, et des peuplades galla : celles-ci ont
un curieux caractère de populations de frontière, ressemblant
presque autant à leurs voisins et ennemis de l'autre côté de la
limite qu'à leurs congénères situés en arrière d'eux, au cœur du
pays galla : elles forment ce qu'on appelle une « marche » entre
deux populations distinctes. Leurs parlers, autant que je peux le
savoir par des renseignements tout indirects, reflètent assez bien
cet état de choses : des Abyssins qui savaient le galla du Choa ne
paraissaient pas les comprendre; aussi bien désignaient-ils ces peuplades par leur nom de tribu, non par le nom générique de Galla.

Dans les grandes lignes mes informations concordent avec celles de Duchesne-Fournet, certains détails diffèrent. Mes renseignements ont été recueillis vite, en interrogeant les Abyssins de la caravane; eux-mêmes vérifiaient plus ou moins les notions qu'ils possédaient déjà sur le pays avec les indigènes de rencontre qui se trouvaient là. Je ne saurais donc affirmer l'authenticité absolue de ces informations, par opposition à celles de Duchesne-Fournet; cependant il n'est pas impossible qu'à dix ans de distance il se soit produit quelques déplacements de tribus, de sorte que les deux séries de renseignements auraient une valeur successive.

Voici ceux de Duchesne-Fournet : la population marchoise galla qui habite la région de Dirré-Daoua est la tribu des Gourgoura; à Ourso lui succède une autre tribu galla, les Hawiya; à l'endroit appelé Erer commence le pays dankali; à l'endroit dit Qalladou commence le territoire des Itou-Galla qui se prolonge jusqu'à l'Aouache.

D'après mes informations, les Gourgoura s'étendent jusqu'à Erer, qui est bien la limite des Danakil; à Qalladou ne trouveraient les Hawiya; après quoi reparaîtraient des Danakil; puis, à Méïsso seulement, les Itou.

Après l'Aouache et jusqu'au gué du Kaçam, au pied de la montée du Choa, la route traverse le territoire des Karayou qui sont également des Galla sauvages : mais on n'a guère l'occasion d'en rencontrer sur la route même, qui passe à travers un vrai désert.

Ensuite commence une région frontière d'une autre sorte : c'est la montée de la haute falaise du Choa, rude pays de montagnes; le plateau commence au village de Baltchi. Or la vraie population indigène est galla; ces Galla ont de petits villages dispersés dans les montagnes et on n'en rencontre que peu en traversant le pays; mais on trouve, sur la route même, de petites villes qui sont de véritables colonies étrangères. La moins typique n'est pas Tadétcha-Malka, la première rencontrée, au pied de la montée; cette ville se trouve au gué (*malka* en galla) de la rivière Kaçam; on peut en traversant ce gué gagner directement Ankober; en restant sur la rive droite de la rivière on prend le chemin de Baltchi. Or Tadétcha-Malka est constitué en majeure partie par un village de nègres (Chanqalla), esclaves importés par les Abyssins; il s'y ajoute des Abyssins et quelques Arabes; ce n'est aucunement une ville galla.

A une trentaine de kilomètres de là, Tchoba, siège de la douane du Choa, est une petite ville abyssine; d'autres établissements abyssins sont Ménabella, Baltchi, et, un peu au delà, Chankora sur la rivière du même nom.

Si j'insiste sur ce point, c'est que l'établissement de ces colonies abyssines en pays conquis, non abyssin, assure l'apparition, puis la propagation de l'amharique, à des endroits fort éloignés des anciens pays amhara. C'est dans une certaine mesure ce qui a lieu à Dirré-Daoua et à Harar; c'est ce qu'on retrouve dans tous les pays non abyssins incorporés à l'empire de Ménélik; partout le chef-lieu de district, résidence du chef local délégué par le pouvoir central et peuplé en partie d'une garnison abyssine, constitue une petite enclave à la fois ethnique et linguistique où les indigènes des environs commencent à apprendre la langue des conquérants; ainsi on peut voir déjà par cette colonisation intérieure s'amorcer une large diffusion de l'amharique, langue officielle.

Sur le plateau du Choa, au delà de Chankora, la situation n'est plus tout à fait la même; le pays est moins accidenté, très agricole, et les villages qu'on y rencontre sont peuplés de Galla du Choa; les Abyssins y sont en très petit nombre; au reste une partie notable de ces Galla a déjà la pratique de l'amharique. Ainsi arrive-t-on en pays galla jusqu'à Addis-Ababa.

SÉJOUR À ADDIS-ABABA.

Addis-Ababa, capitale actuelle de l'empire d'Abyssinie, est le plus bel exemple d'une colonie abyssine en plein pays galla. En effet, la langue de la région environnante est le galla, et, si la connaissance de l'amharique se répand forcément petit à petit chez les paysans de la banlieue qui fréquentent le marché de la capitale, il est cependant encore fréquent que dans un village situé à 15 ou 20 kilomètres de ce marché la langue officielle ne soit comprise que de quelques individus.

Dans la ville même, qui compte au bas mot 45,000 âmes de population fixe, les Abyssins sont une large majorité. Ce sont principalement des Choanais, mais les provinces plus septentrionales de l'Abyssinie y sont aussi représentées; on y trouve encore quantité de Galla de différentes régions, de Tigréens, de Gouragué (voir plus loin p. 40 et suiv. sur cette population), d'esclaves Walamou et Chanqalla (nègres), des Harari et des Arabes, sans compter la petite colonie des Européens (à peu près un millier, dont environ 8oo Grecs et Arméniens).

La cour abyssine est dans une certaine mesure un centre intellectuel : les Abyssins instruits, en particulier ceux qui ont reçu une culture européenne, gravitent autour et y trouvent souvent un emploi; c'est à son voisinage qu'est due la création ou la prospérité de plusieurs églises dont le clergé nombreux, sinon très instruit, constitue un milieu relativement cultivé.

Toutes ces facilités pour une information variée devraient retenir un observateur, même si les commodités matérielles, la protection constante et efficace (à la fois par les légations européennes et le pouvoir suprême abyssin) contre les petites tracasseries possibles, et l'intérêt d'observer la vie politique abyssine en son centre, ne faisaient pas d'Addis-Ababa l'endroit désigné pour un séjour d'une certaine durée.

Quelques jours après mon arrivée, j'étais installé dans une modeste, mais à peu près logeable maison indigène, que je n'ai quittée quelques mois plus tard que pour m'installer dans une autre du même genre. Peu après j'engageais, pour subir mes interrogations plusieurs fois par semaine, un lettré indigène que m'avait obligeamment procuré la légation de France; c'est Ato Tafari, à qui je garde un souvenir reconnaissant. Et dès lors j'ai poussé mon travail le plus diligemment que j'ai pu.

Je suis resté à Addis-Ababa du 11 juin 1910 au 11 avril 1911, séjour interrompu par deux voyages, l'un de deux semaines, l'autre de trois, dont il sera question plus loin.

Je n'ai pas négligé de me mettre au courant de la vie politique et administrative du pays et de son histoire moderne; je me suis constamment intéressé aussi aux faits économiques. Tous les renseignements recueillis alors me sont maintenant particulièrement précieux pour l'enseignement dont j'ai été chargé récemment (à partir de novembre 1911) à l'École des langues orientales.

Je n'ai eu que très peu le temps de m'occuper de sciences naturelles; j'ai cependant rapporté et transmis au Muséum d'histoire naturelle quelques échantillons de pierres, d'insectes et de graines.

La presque totalité de mon temps a été prise par mes études linguistiques, auxquelles j'ai joint, souvent en les y rattachant, quelques études ethnographiques.

ÉTUDES LINGUISTIQUES.

I. ÉTHIOPIEN ANCIEN (GEʿEZ).

Le geʿez est demeuré en Abyssinie la langue de la liturgie. Une des questions que je me suis posées est celle-ci : jusqu'à quel point cette langue liturgique est-elle en usage comme langue savante, et l'amharique progresse-t-il à ses dépens ?

L'étude du geʿez est obligatoire pour le clergé. Tous les prêtres et diacres doivent savoir par cœur des livres entiers dans cette langue. En général on peut dire qu'ils en possèdent assez bien le vocabulaire et la morphologie. Mais ils ont fort peu de lecture en dehors des textes strictement liturgiques. Surtout ils apprennent le geʿez d'une manière toute mécanique : les formules usuelles qu'on leur a appris sont pour eux sans variantes possibles; le moindre travail philologique leur est en général étranger. Ils sont les conservateurs inintelligents d'une tradition, sujette à s'altérer plus ou moins par leur ignorance : elle comprend, outre les formes et le lexique, qu'il est aisé de retrouver dans les textes, la prononciation traditionnelle, et aussi la cantillation réservée à l'office religieux; il s'y joint, dans l'exercice du culte et notamment dans le rituel des grandes fêtes, toute une gesticulation traditionnelle, où les gestes rythmés et de véritables danses s'ajoutent au chant liturgique.

L'ignorance ordinaire du bas clergé abyssin s'étale dans les amulettes dont il sera question plus loin, qui sortent généralement de ses mains; les formes geʿez incorrectes s'y rencontrent en abondance.

Il y a pourtant une amorce de tradition grammaticale en Abyssinie; depuis longtemps ont été composés des lexiques geʿez-amhariques et de véritables traités de grammaire geʿez, de composition d'hymnes, etc., rédigés en amharique, et où apparaît une nomenclature grammaticale. Il m'est arrivé, au cours de mon information, de rencontrer quelques termes inédits de cette nomenclature. Les ouvrages de grammaire s'appellent ሰዋስው *sawāssəw*.

A l'époque actuelle, on trouve encore quelques philologues abyssins. Mais ce sont presque tous, sinon tous, des hommes qui se sont trouvés en contact avec les Européens et essaient d'imiter plus ou moins leurs méthodes; en réaction contre l'étroitesse d'esprit et l'ignorance du clergé abyssin, et cependant presque toujours d'esprit profondément religieux, ils se convertissent à une des formes du christianisme occidental, catholicisme ou protestantisme, que leur apportent les missionnaires européens. C'est grâce à deux de ces savants que successivement les missions catholique et protestante de l'Erythrée ont pu faire imprimer chacune un sawāssew. L'auteur du sawāssew imprimé par la mission catholique, Abbā Takla Māryām, a publié aussi trois brochures relatives à l'étude du geʿez et rédigées elles-mêmes dans cette langue (je me dispense d'y insister ici; des indications plus complètes se trouvent dans le compte rendu que j'en ai fait, *Bulletin de la Société de linguistique de Paris*, n° 59, p. cxl).

Dans la dernière de ces brochures, Abbā Takla Māryām a donné des indications sur deux points de la prononciation traditionnelle que l'écriture ne note pas ; il a figuré dans un certain nombre de formes conjuguées la place de l'accent tonique, et la place des consonnes géminées.

Il serait fort utile que soient recueillis intégralement avec une notation de ce genre toutes les formes et tous les mots de la langue geʿez. Il faudrait, autant que possible, faire ce travail avec des informateurs de différentes régions de l'Abyssinie, pour le cas où différentes écoles auraient conservé des variantes de la tradition. Tant que cette tradition n'aura pas été recueillie, on risque de méjuger un grand nombre de formations grammaticales de l'ancienne langue éthiopienne, et on manque d'un document essentiel pour l'histoire des réduplications de consonnes qui apparaissent si fréquemment, souvent si bizarrement, dans les langues modernes de l'Abyssinie.

Dans la mesure où j'ai eu le temps de m'occuper du geʿez à Addis-Ababa, j'ai essayé d'apporter ma contribution à cette enquête nécessaire. Avec Ato Tafari, le lettré dont il a été question plus haut, qui possède bien le geʿez, j'ai revu toute la deuxième partie du sawāssew édité à Mkoullou (par Alaqā Tayya), partie qui contient les paradigmes verbaux; j'ai noté les quelques variantes qu'il m'a indiquées et toutes les consonnes géminées qu'il prononce. Je pense pouvoir un jour ou l'autre faire usage de ces informations, qui ne sauraient être que mentionnées ici.

En dehors du clergé, l'étude du geʿez est fort peu répandue en Abyssinie. Il semble pourtant qu'elle ne soit pas étrangère à quelques individus de bonne famille ayant reçu une éducation très soignée. En outre, les rares intellectuels laïcs qu'on peut rencontrer dans l'Abyssinie moderne pratiquent le geʿez, en plus de langues européennes.

Enfin le geʿez a encore sa place à l'école abyssine. Beaucoup de prêtres tiennent de petites écoles rudimentaires pour les jeunes enfants : un assez grand nombre de parents y envoient leurs fils, même quand ils ne doivent pas en faire des prêtres, et aussi leurs filles. A Addis-Ababa, je pense qu'on resterait plutôt en dessous de la vérité en disant qu'un dixième des enfants apprend à lire, quitte pour certains à oublier un peu plus tard tout ou partie de cette instruction. Or l'alphabet enseigné à l'école est l'ancien alphabet éthiopien, ne comprenant aucune des lettres inventées postérieurement pour noter les sons de l'amharique qui n'existaient pas en geʿez.

A ce propos je noterai un fait que je ne crois pas encore connu : on sait que l'alphabet éthiopien a un ordre tout différent de celui auquel nous ont habitués l'alphabet grec ou hébreu; mais le premier exercice de lecture donné aux enfants, après le syllabaire éthiopien, est un syllabaire où les mêmes caractères figurent dans un autre ordre, et qui est destiné à leur paraître emmêlé : or l'ordre des consonnes y reproduit exactement l'ordre de l'alphabet hébraïque; ce syllabaire d'étude s'appelle አቡጊዳ *abugidā* (abouguida), c'est-à-dire Abécédé. J'ignore malheureusement la voie et la date de son introduction.

Après le syllabaire, la première page de lecture est le début des Épîtres de Jean, en geʿez.

Quand l'apprentissage de la lecture et de l'écriture s'achève, l'instruction est complétée par l'étude du Psautier : on fait apprendre aux enfants d'un bout à l'autre, par cœur, le plus souvent sans leur donner même une traduction, tous les psaumes de David en éthiopien ancien.

Malgré cette situation encore relativement brillante du geʿez dans la culture et l'instruction abyssine, sa place, déjà diminuée depuis longtemps, se restreint visiblement : un savant lettré, Alaqā Tayya, a bien été chargé d'écrire en geʿez l'histoire de Ménélik; mais la tendance est de plus en plus à écrire des livres en langue moderne; précisément une courte biographie de Ménélik en amharique a été publiée à Rome en 1909 par l'Abyssin Afevork (*Afa-Warq*), répétiteur à l'Institut oriental de Naples; dans la préface il s'élève vivement contre l'emploi du ge'ez au lieu de la langue vivante. Tandis que le ge'ez tend à s'écrire de moins en moins, les livres en amharique apparaissent au contraire plus nombreux; ce sont le plus souvent des chroniques historiques; mais on rencontre aussi des traductions de plus en plus fréquentes de textes religieux qui ne se trouvaient autrefois qu'en ge'ez (voir ci-dessous p. 18 sur la Vision de la Vierge).

INSCRIPTIONS ET MONNAIES.

Sur ces sujets, voir plus loin à propos du séjour à Axoum, dans le récit de mon voyage de retour (pp. 75 et 76).

ACQUISITIONS DE MANUSCRITS (GE'EZ ET AMHARIQUES).

Pendant mon séjour à Addis-Ababa, et au cours de mes voyages à Ankober et dans le nord de l'Abyssinie (voir plus loin), j'ai cherché des livres manuscrits, tant pour m'en former une petite collection de livres connus, mais non encore publiés en Europe, que pour trouver si possible de l'inédit intéressant.

Cette seconde partie du programme n'était pas facile à remplir. Des exemplaires des principaux livres courants en Abyssinie, textes religieux, historiques, etc., ont déjà été acquis par des voyageurs et emmagasinés dans les bibliothèques d'Europe. Tous les manuscrits anciens accessibles et achetables ont été drainés; il est probable qu'il en reste encore un certain nombre entre les mains des héritiers de quelques vieilles familles et dans les cachettes de quelques cloîtres; mais ils sont parfaitement inaccessibles au voyageur de passage et de peu de ressources.

Je me suis assuré qu'à moins d'un hasard extraordinaire on ne trouve à acheter normalement aux prêtres, aux particuliers ou aux quelques colporteurs d'Addis-Ababa qui font déjà l'article « curiosités » pour étrangers, que des manuscrits récents. Dans certaines églises peut-être pourrait-on acquérir des livres plus vieux, plus ou moins abîmés, que les prêtres ont remplacé pour leur usage par des copies plus fraîches ; mais, autant que j'ai pu voir, ce sont des ouvrages liturgiques tout à fait courants et déjà connus en Europe, en partie même publiés ou en cours de publication.

Restent les bibliothèques des cloîtres : faute de pouvoir y acheter des livres, des Abyssins qui s'y intéressent, ou même des Européens connaissant le chef de la région où se trouve tel ou tel couvent, peuvent du moins obtenir des copies de certains ouvrages : on fait exécuter le travail sur place ou on emprunte les volumes pour les faire copier. Pour ne prendre qu'un exemple, c'est ainsi que Ménélik a procédé quand il a assis sa domination dans la région du lac Zouay (voir plus loin *Voyage au lac Zouay*) : là, dans une île peu accessible, s'est maintenue depuis un temps très ancien une petite enclave chrétienne en pays païen et musulman ; Ménélik a fait copier des livres provenant du couvent qui se trouve là, Dabra Sina ; je ne sais si toute la bibliothèque du lac Zouay ou seulement une partie a été rendue ainsi à une sorte de publicité.

En effet les livres qui se trouvent à Addis-Ababa ne sont pas cachés : s'il n'y a pas, surtout depuis que Ménélik malade ne gouverne plus, même l'amorce d'une bibliothèque ordonnée au palais impérial, un certain nombre de livres s'y trouvent cependant, dispersés au milieu d'autres objets ; les familiers du palais peuvent les emprunter et les faire copier à leur tour. C'est ainsi qu'un lettré abyssin, que j'ai eu le plaisir de connaître, Kantiba Gabrou (ancien maire de Gondar, actuellement interprète pour l'allemand et l'anglais, employé à l'occasion par le gouvernement abyssin), avait entre les mains un manuscrit prêté par le palais ; grâce à lui j'ai pu en faire copier à mon tour une partie (voir plus loin aux textes historiques).

Il y a donc là une ressource qu'on pourrait utiliser pour essayer d'augmenter le nombre des livres abyssins déjà connus en Europe (voir à ce sujet une note intitulée *Die Bibliothek Kaiser Menelik's des Zweiten* dans *Centralblatt für Bibliothekwesen,* XII, p. 46).

Mais pour constituer une collection de copies il faudrait quelque loisir et de l'argent. En effet les copistes se font payer fort cher ; en conséquence une copie faite exprès pour l'acheteur, et sur papier, est beaucoup plus dispendieuse qu'un vieil exemplaire sur parchemin, au moins quand il s'agit de livres très répandus : des manuscrits d'ouvrages courants sont en effet souvent soldés à assez bon compte par des individus que l'étude n'intéresse pas (quelquefois il s'agit des livres hérités d'un parent prêtre), ou qui se trouvent avoir un ouvrage en double exemplaire.

Voici maintenant la liste de ce que j'ai pu recueillir; j'énumère : 1. les textes religieux, 2. les textes magiques, 3. les textes historiques.

Tous les écrits distincts figurent séparément, qu'ils soient ou non réunis avec d'autres en un volume. — Une liste des mêmes ouvrages, faite correctement suivant la méthode généralement usitée pour les catalogues de manuscrits, sera publiée prochainement par M. M. CHAÎNE, qui a entrepris un très utile inventaire des manuscrits éthiopiens dispersés en France chez des particuliers ou dans divers établissements autres que la Bibliothèque nationale.

Les références marquées C. R. renvoient à CONTI ROSSINI, *Note per la Storia letteraria abissinica,* où se trouve une liste de tous les manuscrits ge'ez et amhariques contenus dans les bibliothèques d'Europe à la date de 1900.

Sauf indication contraire les textes sont en ge'ez.

1. Je n'ai pas cherché à me procurer des textes de l'Ancien Testament, qui abondent en Europe. J'ai acheté cependant un Psautier ዳዊት *dāwit* (C. R., p. 67, *mazmur*), où les Psaumes de David sont suivis, comme il arrive souvent, de textes divers rassemblés sous le nom de « Cantique des Prophètes et Prières de Moïse » መሃልየ ፡ ነቢያት ፡ ወጸሎቱ ፡ ለሙሴ *mahləya nabiyāt waṣalotu lamusē* (C. R., p. 66) et du « Cantique des cantiques » መኅልየ ፡ መኅልይ *maḫləya maḫləy* (C. R., p. 66).

Parmi les petits livres de piété, très fréquents sont ceux qui chantent les louanges d'un personnage sacré, en adressant successivement une stance à chacune des parties de son corps; on les appelle en amharique *malk* « forme, image ». J'ai recueilli les suivants :

መልክእ ፡ ኢየሱስ *malkə'a iyasus* « Image de Jésus ».

መልክእ ፡ መድኃኔ ፡ ዓለም *malkə'a madḫānē 'ālam* « Image du Sauveur du monde » (c'est-à-dire, sous un autre nom, et avec un autre texte, également les louanges de Jésus-Christ).

መልክእ ፡ ማርያም *malkə'a māryām* « Image de Marie » (C. R., p. 69).

መልክእ ፡ ሩፋኤል *malkə'a rufāēl* « Image de (l'archange) Raphaël ».

መልክአ ፡ ገብርኤል *malkə'a Gabrə'ēl* « Image de (l'archange) Gabriel ».

መልክአ ፡ መልአክ ፡ ዐቃቤ ፡ *malkə'a mal'aka 'uqābē* « Image de l'ange gardien » (cet ouvrage se trouve dans un manuscrit de la bibliothèque de Vienne, voir Rhodokanakis, *Die äthiopischen Handschriften der K. K. Hofbibliothek zu Wien* (Sitzber. Akad. d. Wissenschaft, Phil. Hist. Klasse, 151, 4, p. 37).

መልክአ ፡ ተክለ ፡ ሃይማኖት *malkə'a takla hāymānōt* « Image de Takla Haymanot » (grand saint abyssin).

መልክአ ፡ ገብረ ፡ መንፈስ ፡ ቅዱስ *malkə'a gabra manfas qəddus* « image de Gabra Manfas Qeddous » (autre grand saint abyssin).

Non moins nombreux que les « images » sont les livres de piété consacrés à la Vierge; outre « l'Image de Marie » déjà citée ci-dessus, j'ai recueilli :

ማኅሌተ ፡ ጽጌ ፡ *māḫlēta ṣəgē* « Cantique de la Fleur »; c'est un livre de poésie religieuse en l'honneur de la Vierge (C. R., p. 67; Flemming, *Die neue Sammlung abessinischer Handschriften auf der Kgl. Bibliothek zu Berlin*, Centralblatt für Bibliothekwesen, XXIII [1906], n° 19); une partie du début de ce livre est traduit, d'après le manuscrit rapporté par la mission Duchesne-Fournet, dans Duchesne-Fournet, *Mission en Éthiopie*, I, p. 234).

ሰቈቃወ ፡ ድንግል *saqōqāwa dəngəl* « Lamentations de la Vierge », à propos de la fuite en Égypte (C. R., p. 72; dans le livre que je possède comme dans celui de la bibliothèque de Berlin, ce texte suit le précédent, voir Flemming, *ouv. cité*, n° 19).

ጸሎት ፡ ዘእግዝእትነ ፡ ማርያም *ṣalōt za-'əgzə'ətna māryām* « Prière de Notre-Dame Marie », courte prière à la Vierge précédée d'un :

ሰላም *salām* « Salut », courte invocation également adressée à Marie.

Sur une autre prière à la Vierge, voir plus loin sous ኪዳን *kidān*.

ቅዳሴ ፡ ማርያም *qəddāsē māryām* « Messe de Marie » ou አኰቴተ ፡ ቍርባን ፡ ዘእግዝእትነ ፡ ማርያም *akwatēta qwərbān za-'əgzə'ətna māryām* « Louanges de la communion de Notre-Dame Marie ». C'est un texte qui se récite au moment de la communion, le jour d'une fête de la Vierge. Sur la feuille de garde, en tête du livre qui le contient, se trouve une courte instruction pour cet office.

Dans mes manuscrits se trouvent encore quelques autres prières et textes liturgiques :

ትምህርት ፡ ኅቡአት *təmhərta ḫəbu'āt* « Doctrine des mystères », texte vulgairement appelé ኪዳን *kidān* « Témoignage »; ce texte, qui se récite avant la communion à l'église, est très souvent aussi récité par les fidèles chez eux; ils lui attribuent une influence propitiatoire. C'est un des rares textes qu'on trouve très répandus dans le peuple. Souvent, avec quelques autres prières, il figure dans de petits livres qu'on suspend au cou comme scapulaires; très fréquemment il est joint à d'autres textes : ainsi, des quatre exemplaires que j'en ai, l'un est écrit à la suite de la « Messe de Marie » (C. R., p. 74; voir de plus ci-dessous sous ኪዳን *kidān*).

Livre d'antiennes. — Je ne sais pas quel est l'usage liturgique du petit livre d'antiennes que j'ai acheté; il paraît ne répondre à aucune partie déterminée du rituel; de petits caractères au-dessus des lignes y donnent la notation musicale (ዜማ *zēmā*).

ዐቀብኒ *'əqabanni* « Protège-moi », litanie à Jésus-Christ (C. R., p. 56).

ሰይፈ ፡ መለኮት *sayfa malakōt* « Le Glaive de la Divinité ». C'est un texte que je ne vois pas signalé dans les catalogues de bibliothèques d'Europe que j'ai consultés; mais peut-être y figure-t-il sous un autre titre. Celui-ci m'a été donné par le lettré que j'ai consulté à ce sujet; mais dans le texte que je possède il n'y a pas de titre; au reste on peut désigner aussi cet ouvrage, m'a-t-il été dit, par le nom de በስመ ፡ እግዚአብሔር *ba-səma 'əgzi'abəhēr* « Au nom de Dieu », d'après le début qui est : በስመ ፡ እግዚአብሔር ፡ ቀዳማዊ ፡ ዘእንበላ ፡ ትማልም *ba-səma 'əgzi'abəhēr qadāmāwi za-'ənbala təmāləm* « Au nom de Dieu, le premier, qui n'a pas d'hier ». Je n'ai que le commencement (trois pages) de ce texte; j'ignore sa longueur totale.

ኪዳን *kidān*. Petit rituel divisé en sept parties elles-mêmes intitulées *kidān;* la sixième partie est la « Doctrine des mystères » dont il a été question ci-dessus. A la fin du livre se trouve une « Prière pour l'absolution de l'eau » ጸሎት ፡ በእንተ ፡ ፍትሕተ ፡ ማይ *ṣalōt ba'ənta fətḥata māy* et une prière à la Vierge.

መጽሐፈ ፡ ቄድር ፡ *maṣhafa qēdr,* petit rituel de purification (C. R., p. 69).

መጽሐፈ ፡ ኑዛዜ maṣḥafa nuzāzē « Livre de la confession »; c'est
le formulaire de la confession pour les mourants (C. R., p. 69).
D'après les catalogues de bibliothèques que j'ai consultés, les exemplaires de cet écrit qui ont été recueillis jusqu'ici seraient tous en
geʿez. Celui que je possède est en amharique; le fait que ce formulaire a été traduit atteste le souci que la dernière confession soit
effective.

ሥርዓት ፡ ቤት ፡ ክርስቲያን sarʿāta bēta krəstyān « Coutume de
l'Église ». Ce petit écrit termine un volume où se trouvent la Messe
de Marie, la Doctrine des choses cachées et la Litanie à Jésus. Il
a 13 pages et demie de 13 ou 14 lignes de o m. 06 de long. Il est
rédigé en amharique avec nombreuses citations de geʿez. Il traite
des personnes (païens) qui ne doivent pas être admises à l'église,
et donne une interprétation symbolique des différentes parties
d'une église abyssine : ainsi l'espèce de rosace avec des œufs
d'autruche qui surmonte généralement le faîte du toit est comparée
au calvaire, et les œufs aux péchés, etc.

M. C. Conti-Rossini m'a aimablement signalé qu'un texte très
analogue, mais non identique dans le détail, est contenu dans le
n° 13 de la collection d'Abbadie (à la Bibliothèque nationale); il
y occupe les folios 139 v°, 140 à 142 et 2 r°.

Je trouve d'autre part dans le catalogue sommaire des bibliothèques des cloîtres abyssins à Jérusalem (dressé par Littmann)
un livre portant précisément le nom de « Coutume de l'Église »,
en éthiopien et amharique : après un résumé de l'histoire des
Juifs et avant le rituel du mariage, il contient un texte désigné
comme « Kircheneinrichtung » (n° 172 a, 2), voir dans *Zeitschrift
für Assyriologie*, 1902 p. 370-371. Je ne sais si ce texte est analogue ou identique soit à celui de la collection d'Abbadie, soit à
celui que je possède.

La littérature apocalyptique est représentée dans mes livres par
un ouvrage :

ራእየ ፡ ማርያም ፡ rāʾya māryām « Vision de la Vierge ». Cette
apocalypse de la Vierge a été récemment éditée sous sa forme
geʿez, et traduite en latin, par M. Chaîne dans le *Corpus Scriptorum
Christianorum Orientalium, Scriptores Aethiopici, Apocrypha de
B. Maria Virgine*, 1909. Mais le texte amharique n'est pas men-

tionné dans cette édition; or il existe et semble même assez répandu en Abyssinie; en effet la version que je possède est amharique;
de même celle qu'a rapportée la mission allemande en 1904 et qui
se trouve maintenant à la bibliothèque royale de Berlin (FLÆM-
MING, *ouv. cit.*, n° 48; elle est cotée *Or. 8° 1004, fol.* 5-54).

Je possède enfin quelques exemples (3 pages en tout) de ቅኔ
qǝnē, poésies religieuses comme savent en faire tous les prêtres
instruits.

2. La magie est toujours florissante en Abyssinie; les textes les
plus fréquents, et les plus aisés à se procurer, sont des amulettes
de toutes sortes.

Un grand nombre de prêtres font sans retenue le commerce des
amulettes. C'est ainsi que j'ai pu acheter à l'un d'eux, transcrit
sur un petit cahier de papier, un recueil de « remèdes » : par hasard,
ce ne sont pas seulement des formules magiques, mais on y
trouve aussi l'indication de quelques drogues.

Ce sont aussi des prêtres, je pense, qui écrivent si souvent des
prières magiques sur les feuilles de garde des livres. Ainsi deux des
livres cités plus haut m'ont fourni chacun une invocation intéressante; l'une est destinée à appeler la bénédiction sur le grain; si on
prononce l'autre, on sauve, pour une nuit, de la dent des fauves un
animal échappé de son étable, en attendant qu'au jour son maître
puisse aller le rechercher; une formule écrite pour cet usage est
appellée መስተዳድርት *mastādǝrt;* on doit la réciter un certain nombre
de fois, tourné vers les différents points cardinaux, en tenant à la
main la longe de l'animal échappé.

Les amulettes sont de formes diverses, toutes destinées à se sus-
pendre au cou (sauf la longue suite de textes appelée ልፋፈ ፡ ጻድቅ
lǝfāfa ṣǝdq, écrite sur un parchemin à la longueur d'un homme
et destinée à être enterrée avec lui, voir C. R., p. 66). On en
trouve en forme de petit livre; les plus nombreuses sont en forme
de rouleau; on en rencontre aussi qui consistent en une petite
feuille de papier qu'on plie et enferme dans un petit sachet pendu
au cou des gens ou des bêtes; je ne sais si c'est une forme récente
due à l'introduction du papier, ou s'il se faisait autrefois de petites
feuilles analogues en parchemin plié (et non roulé).

Je pense qu'il est légitime de diviser, au moins provisoirement,
les textes magiques en deux catégories. L'une comprendrait des

textes où l'affabulation religieuse est très nette et qui sont admis
à figurer à côté de textes liturgiques, au besoin dans un même
livre; ils sont destinés ordinairement à apporter une bénédiction
générale sur celui qui les possède, les porte sur soi ou les récite,
sans spécifier de cas particulier. La seconde catégorie serait com-
posée d'amulettes faites pour lutter contre une calamité ou une
maladie particulière; les talismans y prédominent sur les invocations religieuses et elles sont moins universellement admises par
l'orthodoxie religieuse.

Dans la première classe on peut ranger, outre le *ləfāfa ṣədq*
(voir ci-dessus), que je possède en un rouleau bien écrit, la Prière
de la Vierge au Golgotha, appelée ordinairement ጎልጎታ *gōlgōtā*; j'ai
un exemplaire très mal écrit de ce texte connu (voir C. R., p. 64);
il a été traduit en français dans Basset, *Les Apocryphes éthiopiens*, V.

Un petit texte très répandu de la même catégorie est እኮስ *ēkos*,
que je possède notamment réuni en un petit livre-scapulaire avec
la Doctrine des mystères (voir plus haut). C'est une liste des noms
de Dieu inscrits sur les ailes de l'archange Mikael (saint Michel),
avec de courtes invocations.

Comme transition entre les textes précédents et la seconde catégorie des amulettes, on peut citer deux textes :

ሐጹረ ፡ መስቀል *ḥaṣura masqal* «Rempart de la Croix», attribué
au «prophète Ermias», destiné à protéger l'homme dans la vie en
général. Je le possède écrit sur un rouleau (C. R., p. 64).

ልሳነ ፡ ሰብእ *ləssāna sab'* «La Langue de l'homme», petit écrit
contenant des invocations à Dieu rangées sous les lettres de l'alphabet; il est destiné plus spécialement à protéger contre les maux que
peut causer la «mauvaise langue», aussi terrible que le «mauvais
œil». L'exemplaire que je possède est écrit sous la forme d'un livre
minuscule. Cet ouvrage est catalogué dans C. R., p. 67, sous le
nom de *Malke'a lesān*.

Je n'énumère pas ici toutes les amulettes de la seconde espèce;
qu'il suffise provisoirement des exemples que j'ai donnés plus haut
(amulettes écrites sur des feuilles de garde de livres).

Outre les rouleaux déjà cités (*ləfāfa ṣədq* et Rempart de la Croix),
je possède vingt rouleaux en parchemin de toutes longueurs et trois

petits écrits sur papier contenant un ou plusieurs textes magiques.
Il y figure en outre des images coloriées, représentant généralement
des archanges, des dessins à valeur magique ou simplement orne-
mentale, des signes cabalistiques à valeur de talisman.

Peut-être serai-je amené à faire plus tard une étude sur la magie
en Abyssinie. Les documents sont nombreux; ils sont très répandus dans les bibliothèques d'Europe et une partie d'entre eux a déjà
été publiée. Une première systématisation a été tentée dans le très
bon article de Worrell, *Charms and Amulets* (*Abyssinia*), dans
Encyclopedy of Religion and Ethics. Pour faire sur le même sujet
un ouvrage plus complet, il faudrait notamment étudier les sources
de la magie abyssine en établissant un répertoire des mots magiques et des signes talismaniques. La collection d'amulettes que
j'ai recueillies et la traduction partielle que j'en ai faite en Abyssinie avec le contrôle d'un lettré indigène pourraient fournir une
contribution utile à cette œuvre d'ensemble, soit que je doive l'entreprendre moi-même, soit que la besogne soit faite par quelqu'un
de plus compétent.

3. Des livres d'histoire se rencontrent assez souvent chez les
Abyssins.

Toutefois ils sont généralement la lecture de cercles très restreints de savants et non un article de vente courant comme les
textes religieux. D'autre part il s'en fait constamment de nouveaux;
en effet, suivant une habitude déjà vieille en Abyssinie, des chroniques s'écrivent à mesure que les événements se déroulent.

Ces faits expliquent qu'on trouve si souvent maintenant des
livres historiques écrits non sur parchemin comme les ouvrages
traditionnels communs, mais sur de modernes cahiers de papier;
malheureusement ces cahiers, qu'importent les détaillants étrangers, sont souvent de fort mauvaise qualité.

Les ouvrages historiques que j'ai recueillis sont tous écrits sur
papier.

Histoire de Ménélik Ier. — Je possède en deux exemplaires un
court texte racontant la rencontre de la reine de Saba avec Salomon, et l'histoire de Ménélik, leur fils, premier roi d'Ethiopie,
suivant la légende abyssine.

Cet ouvrage a été publié et traduit par Mondon-Vidailhet dans
la *Revue sémitique*, 1904, p. 259 et suivantes.

Un court préambule au texte même de l'histoire dit qu'il a été trouvé au Zouay en 1892. Or la conquête des îles du Zouay ne date que de 1894. Il faut donc supposer, avec Mondon-Vidailhet, que ce livre était sorti de la bibliothèque de Dabra-Sina avant l'occupation par les troupes abyssines, et ne faisait pas partie des livres qui n'ont été connus que lorsque Ménélik les a fait examiner ou copier après la conquête. Un des exemplaires de ce texte a été copié pour moi sur le livre appartenant au palais impérial dont il a été question p. 14; le même volume contenait aussi le *Livre d'Axoum* et l'*Histoire des Galla* dont il va être question maintenant.

Livre d'Axoum. — C'est un ensemble de documents se rattachant tous à Axoum, la ville sainte de l'Abyssinie. Je ne sais si on m'a copié tout ou seulement partie de ce qui se trouvait dans l'original.

Sauf la Chronologie (voir ci-dessous *f*) et laListe des rois (voir ci-dessous *h*), que je n'ai identifiée exactement avec aucune de celles déjà publiées que j'ai pu consulter, tous les documents ci-après énumérés ont déjà été imprimés; les uns sont cités dans Dillmann, *Ueber die Regierung, insbesondere die Kirchenordnung des Königs Zarʾa Jacob*, Abhandlungen der Königl. Akad. der Wissenschaften zu Berlin, Phil. hist. Classe, 1884, Abh. II. (cité ici *D.*), d'autres dans Conti Rossini, *Liber Axumae* (*Corpus Scriptorum Orientalium*, 1909), qui contient encore bien d'autres textes intéressants (cité ici *L. A.*).

a. Sur la construction de l'église d'Axoum. Deux pages (à 19 lignes de 0 m. 09), contenant le même texte que *L. A.*, de la ligne 23 de la page 6 à la ligne 13 de la page 7.

b. Sur le cérémonial du couronnement des rois à Axoum. Publié dans *D.* p. 18 à p. 20 (bas des pages) et traduit p. 74.

c. Passage sur diverses dispositions, avec le titre de « Coutume du palais », publié dans *D.* p. 77 sans traduction. Il semble, d'après la pagination indiquée par *D.*, que dans le manuscrit d'Oxford qu'il a reproduit, comme dans le mien, ce passage suit immédiatement le précédent.

d. Histoire de la fondation d'Axoum, en 13 pages du manuscrit, correspondant, avec quelques variantes, à *L. A.*, pp. 3, 4, 5 et 6.

e. Histoire du roi Sarṣa Dengel. Texte de 9 pages 1/2 correspondant, avec des variantes, à *L. A.*, de p. 72 l. 17 à p. 74 l. 24.

f. Chronologie depuis Adam jusqu'à l'empereur Eskender, c'est-à-dire jusqu'à la fin du xv⁰ siècle. Peut-être le livre original a-t-il été composé à cette époque. Cette chronologie occupe 4 pages du manuscrit.

g. Épisode de l'histoire d'Axoum au moment de la conversion de la cour abyssine au catholicisme en 1626. Un peu plus de deux pages, correspondant à la page 72, l. 1 à 19 de *L. A.*

h. Liste des rois d'Axoum, commençant par l'histoire de la reine de Saba et allant jusqu'à l'avènement de la dynastie Zagoué; la durée de chaque règne est soigneusement indiquée. Cette liste occupe près de 9 pages du manuscrit.

Histoire des Galla. — Ce texte, déjà connu en Europe, a été édité d'abord par Sᴏᴍᴍᴇʀ, *Geschichte der Galla*, 1893, et récemment réédité et traduit en français par Gᴜɪᴅɪ dans le *Corpus Scriptorum Christianorum Orientalium* à la suite de *Historia regis Sarṣa Dengel*, 1907.

On ne m'en a pas copié le préambule. Pour le reste, il me semble, sans que je puisse l'affirmer, que le texte a été reproduit en entier.

Ma copie contient le texte publié par Schleicher jusqu'à la ligne 26 de sa page 29, à quelques lacunes et variantes près. Là, le texte s'interrompt (après le mot ረከበ *rakabu*), pour reprendre au début de la page 34 de Schleicher (ወይትኃሠሡ *wayǝtḫāśasu*); mais, après la phrase d'introduction : « On interroge souvent les savants en demandant », le texte continue non en geʿez, mais en amharique; la substance du développement est identique jusqu'à la ligne 13 de la page 37 de Schleicher; là se trouve une nouvelle lacune; le texte reprend à la ligne 9 de la page 38 et s'arrête définitivement à la ligne 8 de la page 39 (peu avant la fin du texte même de Schleicher, p. 42).

Les travaux historiques en amharique sont représentés dans mes manuscrits par deux histoires d'Éthiopie.

L'une, dont j'ignore l'auteur, porte le titre de የኢትዮጵያ ፡ ነገሥ ታት ፡ ትውልድ *ya-ityopyā nagastāt tawüllad* « Générations des rois d'Éthiopie » ; elle commence à Adam pour finir au sac de Gondar par les Derviches après la mort de l'empereur Yohannes en 1888, et à l'avènement de Ménélik survenu peu après. Elle remplit, dans un cahier de o m. 14 de large, 65 pages de 17 lignes. J'ignore si le texte concorde avec celui du ታሪክ ፡ ነገሥት *tārika nagast* « histoire des rois » rapporté par la mission Duchesne-Fournet (D. F., *Mission en Éthiopie*, I, p. 336, où il n'est pas dit si l'ouvrage est en geʿez ou en amharique), ou avec d'autres textes analogues déjà connus en Europe (voir les références dans Guidi, ouvrage cité ci-dessous, p. 182, n° 1).

L'autre histoire d'Éthiopie est d'origine connue ; elle est due à Ato Atmyé, savant abyssin qui vit actuellement à Harar. Il a, m'a-t-on dit, composé une grande histoire des Galla ; la présente histoire d'Abyssinie, où il est en effet longuement question des Galla, serait soit un extrait, soit un premier jet de ce grand ouvrage. Cette copie que je possède ʿa été faite (d'après la suscription) par un certain Engeda Warq, Abyssin converti au protestantisme, à Bali, place (ከተማ *katamā* « ville ») appartenant à un Monsieur Meier, missionnaire protestant qui s'était établi en Abyssinie (ce pasteur et Engeda Warq sont morts depuis) ; la copie porte la date d'octobre 1877 style abyssin, c'est-à-dire 1884. Une autre copie, peut-être faite sur la présente, peut-être indépendante, a été écrite au même endroit, j'ignore à quelle date et de quelle main ; elle est parvenue entre les mains de M. Gallina à Naples ; celui-ci l'a communiquée à M. Guidi qui en a publié et traduit le chapitre xix (sur les *mēč̆č̆ā*) dans ses *Strofe e brevi testi amarici*, Mitteilungen des Seminars für Orientalische Sprachen, Berlin, X, 2, p. 180.

Le plan dans une certaine mesure original du début de l'ouvrage est dû sans doute à une influence européenne. Tout d'abord une généalogie commence par Dieu « qui a précédé le monde de toute éternité », puis se poursuit par Adam et sa descendance, jusqu'à Salomon et son fils Ménélik, que suivent les rois d'Abyssinie ; ensuite se trouve une généalogie de la descendance de Cham, fils de Noé, avec identifications de certains de ses descendants avec des éponymes fictifs de régions abyssines. Ensuite vient une page de préface, puis l'histoire d'Abyssinie elle-même, jusqu'au début du règne de l'empereur Téodros. Le tout occupe 71 pages d'un cahier de o m. 16 de large, avec 23 lignes à la page.

Je possède encore un petit texte de deux pages, racontant l'histoire de Dabra-Warq en Godjam et de ses anciens abbés (voir p. 65).

Puis, comme document tout à fait contemporain, le texte de la proclamation du 2 octobre 1909 qui a consacré Lidj Yassou comme héritier présomptif de Ménélik.

Enfin j'ai rapporté quelques exemples de poésie profane (ግጥም *gaṭam*) à sujet historique : ce sont en général de courts couplets, souvent à double sens, sur quelque événement contemporain. Une pièce assez longue célèbre, en vers insipides, la victoire du Wag-Choum Abata sur le rebelle tigréen Dédjazmatch Abraha, à Koram (8 octobre 1909).

En dehors des textes religieux, magiques et historiques, je n'ai acquis qu'un lexique geʿez-amharique sans intérêt, qui s'est trouvé transcrit à la suite de l'histoire d'Ato Aṭmyé.

Il convient aussi d'ajouter à cette liste les textes recueillis par moi de la bouche de divers informateurs et qui seront mentionnés plus loin ; ils seront publiés avec une étude dialectale (voir sous *Dialecte du Choa*).

J'ai déjà dit plus haut mon intention éventuelle de faire un travail sur la magie, en utilisant les textes magiques que je possède. Je compte de plus publier une partie au moins de ce que j'ai rapporté d'inédit en fait de textes religieux ou historiques : ce ne sont au reste, comme on a pu le voir, que des textes courts et en nombre restreint.

II. AMHARIQUE.

DIFFUSION DE L'AMHARIQUE. — FRONTIÈRES LINGUISTIQUES.

J'ai dit plus haut (voir p. 12) dans quelle mesure l'amharique écrit tend à remplacer le geʿez comme langue littéraire.

Il a été question aussi page 8 de la diffusion de l'amharique, au moyen de colonies abyssines, dans des pays conquis qui ont une autre langue.

Dans chacun de mes itinéraires, je me suis efforcé de fixer, sur la route parcourue, les limites des différentes langues, et notamment les frontières de l'amharique (voir pp. 7-8, 34, 38, 62, 64, 73, 77). J'ai ainsi apporté une modeste contribution à une carte linguistique de l'Abyssinie qui reste à faire (les cartes de BORELLI, *Éthiopie méridionale*, et d'ODORIZZI et CHECCHI, *Bollettino della societa geographica italiana*, juillet 1906, bien qu'utiles, sont diversement incomplètes et erronées).

DIVISIONS DIALECTALES.

L'amharique possède la principale caractéristique d'un langage écrit et reconnu comme langue officielle d'un État plus ou moins centralisé : il est remarquablement un. Recueilli dans le Dambya, dans le Baguémeder, dans le Lasta, dans le Godjam ou dans le Choa, l'amharique est une seule et même langue. Dans l'ensemble il y a une remarquable unité dans la prononciation, non seulement pour l'articulation des divers phonèmes, mais aussi pour l'accentuation et le ton général du discours. Il en est de même pour la grammaire : les formes dialectales sont très rares.

Il faut cependant faire des réserves; en effet chacune des grandes provinces abyssines se distingue par des traits particuliers. Les oreilles exercées des indigènes savent distinguer à l'occasion différents « accents » régionaux. J'ai moi-même entendu chez des paysans choanais un langage chantonnant et nasillé qui diffère assez du son habituel de l'amharique. Quelques rares formes grammaticales sont en outre caractéristiques des différentes provinces (voir plus bas p. 66 sur le parfait composé godjamite).

Mais c'est surtout le vocabulaire qui offre de la variété : bien des mots usités dans une province sont inconnus dans d'autres, ou employés avec un autre sens. Toutefois les différences ne sont pas assez grandes pour que les indigènes éprouvent jamais la moindre difficulté à se comprendre d'une province à l'autre.

(Sur des dialectes nettement différents de l'amharique écrit, et qui ne sont sans doute pas des parlers amhariques, mais des parlers éthiopiens proches de l'amharique, voir p. 39 et suiv.)

Pour expliquer l'homogénité de l'amharique, il ne suffit pas de faire observer qu'il a été sans doute parlé à l'origine par une peuplade peu nombreuse de conquérants étrangers qui a pu avoir un langage exempt de nuances dialectales. En effet des langues qui se trouvent dans ces conditions peuvent fort bien se morceler après coup : c'est ainsi que le ge'ez se retrouve au moins dans deux langues différentes, le tigriña et le tigré, et que le gouragué est divisé en de multiples dialectes (voir p. 40).

Il faut donc expliquer l'unité de l'amharique par des raisons intérieures au domaine amhara.

La première est une raison politique : l'empire abyssin tel qu'il s'est trouvé constitué à la fin du xiiie siècle, sous la direction d'une dynastie venue du Choa, paraît avoir été toujours centralisé. Si les guerres civiles n'y ont jamais manqué, du moins les diverses provinces n'ont jamais été complètement séparées. Or l'amharique a dû être, dès la fondation de cet empire, la langue officielle pour les relations orales.

Il faut se rappeler en second lieu la mobilité des Abyssins : dans ce pays souvent accidenté et toujours sans autres chemins que des sentiers, il est remarquable de voir avec quelle facilité les indigènes se déplacent pour aller vivre temporairement ou pour toujours loin de leur village natal (comme soldats, domestiques, muletiers, etc.). Dans leur nouvelle résidence, ils s'adaptent très vite linguistiquement et acquièrent les quelques particularités que peut présenter le parler du district. Les souverains eux-mêmes soit d'une région, soit de l'empire, se déplacent facilement, au besoin en fondant des capitales successives. Ainsi Ménélik a quitté Ankober, une des anciennes capitales du Choa, d'abord pour Fitché (voir p. 38), puis pour Entotto qui n'a vécu (comme capitale) que quelques années et a cédé son rôle à Addis-Ababa, qui s'est bâti à côté.

Le gouvernement centralisé, mais à centre mobile, l'humeur voyageuse générale chez les Abyssins jointe à leur faculté de rapide adaptation me semblent être parmi les causes de la relative unité de l'amharique.

J'y ajouterai un fait, qui est au reste fonction des précédents : c'est l'individualisme développé à l'extrême dans la société abyssine : la tribu n'existe pas, le lien de famille est aussi lâche que possible, l'individu est la seule unité absolue. Il est vrai qu'entre lui et l'État, il s'interpose souvent la « maison » d'un maître : autour d'un chef se groupe toujours une domesticité nombreuse, qui constitue dans une certaine mesure une sorte de « gens » à la manière romaine ; mais son recrutement dépend autant du hasard des engagements de domestiques et de soldats venus de régions diverses que d'un groupement héréditaire; aussi, quoique le lien « du pain » soit fort de celui qui le reçoit à celui qui le donne, une « maison » de ce genre n'est nullement une unité indissoluble.

Au total, la société abyssine est une société émiettée, où il n'existe pas d'autre unité organique que l'individu; les unités plus complexes qui l'englobent (commune, province, etc.) ont toutes un caractère administratif, et fonctionnent sous la dépendance directe d'une autorité politique centrale. Partant on ne saurait s'attendre à trouver chez une pareille société la marqueterie de dialectes locaux qui caractérise les pays territorialement divisés en petits compartiments fixes et étanches, plus ou moins autonomes, où l'individu est lié à une terre ou à un clan.

La conclusion de tout ceci, c'est qu'on peut et doit étudier l'amharique comme une langue littéraire commune. On n'a pas besoin pour le connaître d'accumuler les monographies locales.

C'est d'ailleurs l'amharique commun qu'on a étudié jusqu'à présent; les grammaires et dictionnaires publiés jusqu'ici représentent la langue officielle, écrite. On n'indique qu'à l'occasion des particularités locales; ces indications sont surtout utiles pour le lexique, comme je l'ai déjà dit plus haut, p. 26; l'ouvrage de GUIDI, *Vocabolario Amarico-Italiano* est à cet égard d'une précieuse richesse.

Néanmoins il est intéressant, quand ce ne serait que pour constater à nouveau, indirectement, et sur une base plus solide, l'homogénéité de l'amharique, de rechercher et de décrire en les groupant toutes les particularités dialectales d'une des grandes provinces abyssines.

C'est pourquoi, dans mes études sur l'amharique, je me suis proposé deux buts : préciser et enrichir le plus possible les connaissances acquises sur l'amharique en général, et d'autre part observer les faits dialectaux caractéristiques du Choa, qu'un long séjour me permettait de recueillir à loisir; accessoirement, en traversant rapidement d'autres provinces, j'ai tâché de saisir quelques-unes de leurs particularités.

AMHARIQUE COMMUN.

a. PHONÉTIQUE. — Sur la prononciation de l'amharique, nous possédons actuellement, entre autres, deux bons ouvrages : le plus important est ARMBRUSTER, *Initia Amharica* (I *Amharic Grammar,*

1908; Il *English-amharic Vocabulary,* 1910), où tous les mots amhariques cités sont notés en une transcription extrêmement précise, et les phonèmes soigneusement distingués; l'autre est l'introduction de Mittwoch, *Proben aus amharischem Volksmunde,* dans les *Mitteilungen des Seminars für Orientalische Sprachen zu Berlin,* 1907.

Mais l'un et l'autre appellent encore des compléments ou rectifications; j'espère donner des précisions utiles pour la prononciation amharique en général dans la monographie sur le dialecte du Choa dont il sera question plus loin.

Pour donner un exemple d'un point où je ne suis pas entièrement d'accord avec les auteurs précités, il me semble que les correspondants amhariques des emphatiques sémitiques sont des consonnes occlusives *simples* (analogues à celles du français), suivies de l'occlusive glottale; en effet, s'il me paraît probable qu'une certaine tension des organes accompagne l'articulation de ces consonnes, je ne la trouve en tous cas pas comparable à celle qui est nécessaire à la prononciation des emphatiques arabes par exemple; or Mittwoch et Armbruster décrivent les consonnes en question comme des occlusives *emphatiques,* suivies de l'occlusive glottale.

b. Morphologie. — La grammaire de l'amharique est bien connue dans son ensemble. Pourtant on peut encore trouver à préciser bien des points de détails. J'ai donc été amené à noter diverses particularités. J'en ai déjà exposé une partie dans une petite étude parue sous le nom de *Notes sur des verbes et adjectifs amhariques* dans les *Mémoires de la Société de linguistique,* t. XVII, pp. 251-265.

c. Vocabulaire. — Pendant tout mon séjour en Abyssinie j'ai tenté de ne laisser échapper aucun mot nouveau pour nous, et de préciser le sens et la provenance des mots déjà catalogués (c'est le dictionnaire de Guidi que j'ai pris constamment comme base de mon travail).

Tous mes interlocuteurs ont été à l'occasion mes informateurs; ceux qui m'ont le plus fourni étaient naturellement les gens de ma maison; tout spécialement en voyage, en présence d'objets divers, accidents de terrains, cultures, plantes sauvages, etc., la conversation avec les domestiques ou les muletiers permet de recueillir beaucoup d'inédit.

Ato Tafari (voir pp. 9 et 11) m'a rendu ici encore les plus grands services, par son vocabulaire étendu et sa connaissance exacte . et riche des lexiques de diverses provinces; avec lui j'ai vérifié presque toutes les informations recueillies de la bouche d'autres sujets.

J'ai ainsi finalement recueilli plus d'un millier de mots ou sens de mots nouveaux.

Il y a lieu de distinguer dans ces matériaux plusieurs groupes suivant leur provenance; en effet, tout n'est pas au même degré inédit.

a. J'ai lu en Abyssinie la moitié environ de chacun des ouvrages d'AFEVORK (voir p. 13) : Recueil de textes publié à la fin de la *Grammatica della lingua Amarica,* 1905 (lettres et anecdotes), ልብ ፡ ወለድ ፡ ታሪክ *ləbb wallad tārik* « Roman », 1908, ዳግማዊ ፡ ምኒልክ *dāgmāwi mənilək* « Ménélik II », 1909, et tous les textes (pp. 82 à 262) du *Guide du voyageur en Abyssinie,* 1908. J'ai noté au passage tous les mots inédits et en ai inscrit le sens tel qu'il m'était donné par Ato Tafari ou d'autres informateurs; pour certains mots propres au canton natal d'Afevork, ou entendus par lui à un endroit quelconque et inconnus à mes informateurs, ou peut-être même à l'occasion forgés par cet auteur dont l'imagination verbale est assez remarquable, j'ai dû me contenter d'un sens conjectural.

Si donc on voulait faire un supplément complet au dictionnaire de Guidi, mes documents seraient insuffisants; pour les compléter, il faudrait dépouiller le reste des œuvres d'Afevork, et notamment les vocabulaires de la *Grammatica* et du *Guide du voyageur,* et aussi parfois lui demander à lui-même des explications. Mais je pense qu'il est intéressant d'avoir, comme je l'ai, pour beaucoup des mots nouveaux apportés par Afevork, une indication sur leur diffusion et sur les sens qu'ils prennent en différentes régions.

b. J'ai dépouillé, en plus des œuvres d'Afevork, quelques textes inédits : certains étaient des fragments de livres ou amulettes dont il a été question plus haut, d'autres différents documents recueillis par moi de la bouche de mes informateurs : chansons de jeux, chansonnettes diverses, fables, etc.

Un certain nombre des mots ainsi récoltés ont été ou seront publiés à leur place dans divers articles ou opuscules dont il sera question ci-dessous.

c. J'ai relevé rapidement dans le dictionnaire de Guidi (en sachant que mon relevé trop rapide n'était pas absolument complet) les mots qu'il a insérés sur la foi du seul dictionnaire de d'Abbadie. Ce sont des mots que les informateurs abyssins interrogés par Guidi ont déclaré ne pas connaître; il s'est alors contenté de reproduire les articles correspondants du dictionnaire de d'Abbadie; or j'ai pu vérifier pour certains de ces mots qu'il sont bien en usage, pour d'autres que d'Abbadie avait fait en les notant quelque erreur d'audition ou une faute d'écriture aisément déterminable; d'autres me sont restés obscurs.

J'ai laissé systématiquement de côté les termes concernant l'organisation de l'ancienne cour impériale de Gondar, presque tous sortis de l'usage, et de nombreux termes du jeu d'échecs.

A l'occasion, j'ai obtenu aussi des confirmations pour des mots insérés par Guidi sur la foi de divers voyageurs (Lefebvre, Chiarini) et dont il n'a pas affirmé pour son compte l'authenticité.

d. Un grand nombre de mots isolés ont été notés au cours d'enquêtes méthodiques sur les jeux, l'industrie, etc.

Ils ont été ou seront publiés dans les articles relatifs à ces enquêtes (voir plus loin *Études ethnographiques*).

e. Des mots nouveaux en abondance ont été recueillis au hasard des conversations, ou sur des interrogations isolées.

Il en est de relatifs aux sujets les plus divers. Au total, peu d'entre eux sont des mots du langage à la fois usuel et distingué qui est déjà fort bien connu. Beaucoup sont des néologismes, plus ou moins particuliers à la ville d'Addis-Ababa : parmi ceux-ci les emprunts à l'arabe ou à des langues européennes sont en grande quantité; il s'y ajoute des expressions familières ou argotiques.

On peut, d'autre part, mentionner spécialement un assez grand nombre de noms de végétaux; malheureusement mes connaissances trop faibles en botanique ne me permettent que des identifications très grossières entre les noms d'arbres et de plantes qu'on m'a fournis et des noms européens usités dans le vocabulaire botanique.

Comme je viens de l'indiquer au cours de ce petit inventaire des mots inédits recueillis, certains seront à chercher dans différents articles (quelques-uns se trouvent dans les *Notes* citées ci-dessus, p. 29).

J'espère que le tout pourra être repris plus tard dans quelque publication faisant supplément au dictionnaire de Guidi ; une telle publication devrait comprendre, outre les documents énumérés ci-dessus (y compris ceux qui proviendraient d'un dépouillement intégral des œuvres d'Afevork), des mots nouveaux publiés par différents autres auteurs (Guidi, Armbruster, Mittwoch, Conti-Rossini) dans des ouvrages divers : publications de textes, lexiques et grammaires.

Il n'existe jusqu'à présent aucun dictionnaire permettant de retrouver la traduction de tous les mots d'une langue européenne en amharique ; en particulier on n'a pas de dictionnaire franco-amharique. Le seul ouvrage dont on puisse actuellement se servir pour faire une traduction en amharique est le bon mais trop succinct *English-Amharic Vocabulary* d'Armbruster.

Je me suis constitué petit à petit pour mon usage personnel un vocabulaire franco-amharique ; tel quel, il me rend des services ; pour en faire un dictionnaire suffisamment complet et au point, il faudrait encore un gros travail.

DIALECTE DU CHOA.

Dans mon information journalière, je me suis constamment attaché à discerner ce qui était particulier à la province du Choa, et même à l'occasion aux diverses parties du Choa.

Les informateurs ne me manquaient pas à Addis-Ababa, car les Abyssins qu'on y trouve sont en grande majorité des Choanais. Pourtant ils ne constituent là qu'une colonie citadine en pays de langue galla.

Pour avoir une idée plus précise du dialecte choanais j'ai donc jugé nécessaire de prendre contact avec la partie du Choa où une population stable et rurale parle tout entière l'amharique : c'était l'objet de mon voyage à Ankober, dont il va être question ci-dessous.

J'ai l'intention de publier mon enquête sur le dialecte de Choa en un petit ouvrage dont j'énumère ici très rapidement les différentes parties :

1° *Phonétique.* — Presque tous les faits intéressants concernant la prononciation propre au Choa ont déjà été signalés ; ainsi la

prononciation ' (simple occlusive glottale) de *q* (c'est-à-dire *k'*), la
prononciation *h* de certains *k* bien conservés dans d'autres provinces; mais je pense apporter des confirmations, des exemples
nouveaux, et quelques compléments.

2° *Morphologie.* — Ici encore presque tout a déjà été signalé;
cependant j'ai observé un ‑démonstratif que je n'ai vu encore
signalé nulle part : አንነህ *annəñih* « ceux-ci », et différentes autres
formes connexes.

Un petit tableau de la prononciation et de la grammaire de
l'amharique dans le Choa n'aura donc pas une simple valeur de
compilation : outre des confirmations et des précisions qui ont leur
intérêt, j'aurai certains faits nouveaux à énoncer.

3° *Textes.* — J'ai recueilli de la bouche d'informateurs choanais un certain nombre de petits textes; je me suis peu attaché aux
proverbes et distiques contenant des jeux de mots plus ou moins
froids; j'ai préféré des fables familières et surtout des couplets po-
pulaires, voire populaciers, chansons du jour en vogue à Addis-
Ababa : là se saisit le langage du peuple, et aussi un peu de
l'esprit abyssin; les petites trouvailles de rythme, d'expression et
même de sentiment n'y manquent pas. On retrouve ces qualités
dans quelques couplets qui figurent en paroles des chants d'oi-
seaux.

4° *Lexique.* — Des mots inédits se trouvent dans les textes
recueillis et seront étudiés avec eux quand je les publierai.

Mais je n'ai pas constitué à part un lexique du Choa; je m'en
suis tenu à la méthode adoptée avant moi, qui consiste à recueillir en un même ouvrage tous les mots amhariques, quitte à
spécifier, pour chacun de ceux qui ne sont pas connus dans toute
l'Abyssinie, la région où ils sont en usage (voir plus haut, p. 38).

Ce n'est que plus tard, quand l'étude des dialectes agaw et du
galla sera plus avancée, qu'il sera intéressant d'isoler les mots
propres à chaque province et de voir dans quelle mesure ce sont
des mots empruntés aux parlers chamitiques de la région. Une
monographie des mots galla passés en amharique serait en particulier intéressante.

VOYAGE À ANKOBER.

Je ne prétends pas donner ici une description pittoresque du pays que j'ai traversé, ni même des indications détaillées sur sa nature physique : c'est au reste une région bien connue; je veux fixer seulement les faits intéressants pour les études linguistiques ou historiques; j'indique brièvement les gîtes d'étape, ainsi que certains points intermédiaires et le nombre d'heures de marche qu'il m'a fallu pour aller de l'un à l'autre : j'apporte ainsi un petit complément aux cartes d'Abyssinie et j'ai l'espoir d'être utile à d'autres voyageurs qui voudront excursionner dans cette région. Les renseignements des indigènes sont trop souvent contradictoires; ceux mêmes des voyageurs européens — y compris les miens — ne doivent être pris que comme indications à vérifier : en effet chaque caravane a une allure différente, suivant le nombre des mulets, leur chargement, leur état de santé, la bonne volonté des muletiers, la saison et l'état des terrains, etc.; dans l'ensemble, je compte que l'heure de marche équivaut à peu près à 5 kilomètres.

La carte que je cite est la carte française du Service géographique de l'armée, feuille de Gondar (revisée en 1897).

Les noms d'endroits sont donnés tels que me les ont prononcés mes compagnons abyssins; il faut donc faire des réserves pour ce qui concerne la prononciation exacte des noms galla (notamment le *ye* abyssin y est à transposer partout en *e* simple).

La route suivie est sensiblement celle qui sur la carte s'éloigne d'Addis-Ababa au nord-est, longeant le pied d'une chaîne de montagnes, sur un plateau uni; les localités rencontrées sont *Bakkye,* à treize heures d'Addis-Ababa; puis, à une heure de là, *Taltallye* (marché); ensuite *Čollye, Eǧərsa* ou *Egyərsa* (*Eguersa* de la carte), *Šano* (à sept heures de *Taltallye*), puis les haras de *Sagali* (à quatre heures de *Šano*), *Gərəm, Dadjat* (à quatre heures de *Sagali*); là se trouve la première localité en domaine amharique, toutes les précédentes étant galla; à cet endroit la frontière linguistique semble coïncider assez bien avec un mouvement du relief terrestre La marche de ma caravane ayant été très lente, il ne faut pas placer ce point à 150 kilomètres d'Addis-Ababa, comme y inviterait le compte des heures, mais vers le centième kilomètre.

On rencontre ensuite le fleuve *Aǧəma,* puis *Tora Mask,*

Bwollad (à neuf heures de *Dadjat*), enfin *Goramyela* et (cinq heures après *Bwollad*) *Ankobärr*.

La tradition locale décompose ce dernier nom en *bärr* « passage, seuil » et *anko* qui serait le nom d'une ancienne reine indigène non abyssine (galla, m'a-t-on dit). Mais il ne faut pas oublier que *añko* est l'appellation familière des singes, qui ne manquent pas dans cette région.

Ankober est admirablement situé sur deux mamelons, le plus haut et le plus pointu surmonté du guebbi (château-fort), à l'extrême bord du plateau abyssin, en terrasse à près de 1500 mètres au-dessus de la vallée de l'Aouache.

La ville et ses environs immédiats ne possèdent pas moins de sept églises; à côté de plusieurs d'entre elles se trouvent des tombeaux d'anciens rois ou grands personnages du Choa, entre autres celui de *Sahla Sallasye,* grand-père de Ménélik.

Mais la vie active s'est retirée de cette ancienne capitale royale, où ne commande plus qu'un modeste gouverneur. La ville reste cependant peuplée et constitue dans l'Abyssinie, où les villes sont rares, une agglomération notable : il est fort possible qu'on y trouve près de 10,000 habitants; le gouverneur de la ville m'a dit pouvoir y lever une troupe de 2000 hommes.

J'espérais, dans cette ville relativement ancienne, renommée pour son clergé, rencontrer des manuscrits intéressants; mais il n'en a rien été; j'ai pu voir la réserve de livres de l'église *Madhāne Alām* (Saint-Sauveur), qui est la cathédrale de la ville; elle m'a paru ne contenir que les livres liturgiques les plus courants; je n'ai pu voir ni acheter aucun ouvrage historique.

J'ai donc dû me contenter des observations, utiles d'ailleurs, que j'ai pu faire sur le langage du Choa et la vie de tous les jours dans une vieille ville abyssine; malheureusement, si les Galla n'y figurent pas, les esclaves y sont nombreux, comme dans toutes les places de gouvernement en Abyssinie : une population abyssine pure ne se rencontre qu'à la campagne.

FALACHA. — J'ai profité aussi de mon passage à Ankober pour enquêter sur la présence de Falacha dans le Choa.

Les Falacha sont une population abyssine de religion juive; leur judaïsme diffère toutefois du judaïsme orthodoxe moderne en ce qu'il ignore les prescriptions talmudiques et admet des insti-

tutions telles que le monachisme; les Falacha sont probablement
le reste d'une population établie en Abyssinie avant l'invasion sémitique, comme semble le prouver en particulier le langage agaw
qu'ils ont conservé jusqu'à une époque toute récente; actuellement réduits à un petit nombre, tous artisans, ils se trouvent surtout dans le nord de l'Abyssinie, depuis le nord du lac Tana
jusque dans le Tigré.

Il y en a aussi dans le Choa : les uns vivent à Addis-Ababa,
cachant leur religion; d'autres, tous ou presque tous potiers, ont
de petits établissements en divers points du Choa; eux aussi dis-
simulent plus ou moins leur hétérodoxie. Un livre récent consacré
aux Falacha, Faïtlovitch, *Quer durch Abessinien,* 1910, contient,
page 124 et pages 136 à 139, des renseignements sur ceux
du Choa. Dans l'ensemble, j'ai recueilli à peu près les mêmes
renseignements que Faïtlovitch sur les coutumes de ces Falacha.

Je les ai entendu désigner généralement sous le nom de ሰረተኛ
särrätäññā « ouvrier », et aussi par les synonymes ባለጅ *bāləǧ* et
ጠቢብ *ṭäbīb* (prononcé vulgairement ጣይብ *ṭayīb*). On m'a dit que
ce sont des potiers; qu'ils mènent une vie monacale; qu'ils ne sont
pas réellement une population à part, mais se recrutent parmi
des gens quelconques du pays où ils se trouvent : tous renseignements indirects, que je n'ai pas recueillis moi-même d'un
Falacha.

On m'a de plus communiqué une liste de leurs établissements
ou « couvents » ገዳም *gädām* dans le Choa; il en existe, m'a-t-on
dit, dans les endroits suivants :

1° Région d'Ankober : መንጥቅ *manṭəq*, ልጥ ፣ መራፊያ *ləṭ marā-
fyā*, ሰው ፣ ጥራ *saw ṭərā*, ጠጠር ፣ እምባ *ṭaṭar āmbā* (établissement
peu important), ይግም *yigəm*.

2° Région de መንዝ *mänz* : ኤለማ *yelemmā*, le plus grand de
ces établissements du Choa.

3° Région du መርሀቤትዬ *marhabyētye* : ቄንጣር *qwanṭär*; ርምጋ
rəmgā.

4° Région du ሰለሌ *salāle*, à six heures de Dabra-Libanos : ያያ
yāyyā, couvent établi dans une caverne.

De plus, d'après mes notes, il y aurait un ou plusieurs petits
établissements dont je n'ai pas le nom dans le Yifat, région haute
dont la capitale est précisément Ankober.

Les cartes marquent tout près de *Mänz* un *Yigəm;* si c'est le même qu'on m'a cité comme siège d'un couvent de Falacha, il faudrait le mettre dans la région de *Mänz,* non dans celle d'Ankober.

Étant donc à Ankober, je suis allé voir l'établissement de *Ləṭ märāfyā* (*Let Marcha* de la carte), à deux heures et demie de marche environ, dans le très beau site que montre la photographie ci-après (pl. I). *Ləṭ märāfyā* est un village de quelque importance, où les Italiens ont eu longtemps un établissement; à quelques centaines de mètres en contre-bas se trouvent les quatre maisons, visibles au milieu de la photographie, qui constituent l'établissement falacha.

Là vivent deux vieux moines (le principal était malheureuse ment absent lors de mon passage) et quelques laïcs hommes et femmes, tous potiers. Ceux-ci ont commencé par m'affirmer que rien ne les distinguait des autres Abyssins; mais, quand je leur ai nommé certains des établissements cités ci-dessus, ils ont dit : « Oui, ceux-là sont bien des nôtres ». Le vieux moine qui était là n'a pas été beaucoup moins réservé : il m'a affirmé que toutes les fêtes religieuses sont communes à ses coreligionnaires et aux Abyssins chrétiens, que les membres de sa communauté se font enterrer à côté de l'église chrétienne, etc.; cependant il ne niait pas avoir une foi à part. Il m'a expliqué de plus que les moines jeûnent (font maigre) tous les jours, sauf le samedi et le dimanche; le samedi et le dimanche également, personne de la secte ne doit puiser de l'eau, ni casser du bois, ni travailler; mais on peut allumer le feu. On pourra penser qu'il y a loin de là aux observances juives ordinaires; mais la méfiance du vieux moine me fait craindre qu'il ait dénaturé le peu de faits qu'il consentait à me livrer.

J'étais accompagné d'un Abyssin nommé Habta Sallassyé, familier (fils adoptif, disait-il) de አቶ ፡ ነካሬ *Ato Nakarye* (faussement appelé *Ato Anakeri* dans Faïtlovitch, *ouv. cité,* p. 137), qui est interprète à Addis-Ababa de la légation d'Italie, et possesseur ou feudataire de Let Marafya. Habta Sallassyé n'a pas pu obtenir du moine plus d'expansion que moi, et a dû se contenter de raconter ce qu'il savait ou croyait savoir d'autre part : il m'a confirmé que les « ouvriers » ne sont pas réellement séparés des autres Abyssins, puisqu'ils mangent avec eux; ils observent les fêtes chrétiennes, mais en ont aussi d'autres qui leur sont pro-

pres; leurs femmes s'isolent dans une case à part pendant la semaine de la période menstruelle; enfin on dit qu'ils passent certaines nuits en prières, suspendus dans une petite balançoire pour
éviter de se laisser aller au sommeil.

Faute de temps, et avec la conviction que dans un passage rapide je ne pourrais rien recueillir de plus sûr et de plus précis,
je n'ai pas cherché à visiter d'autres établissements du même genre.

En tout cas, je peux confirmer pleinement, après ce que j'ai
vu, la présence dans le Choa d'hétérodoxes, qu'on peut considérer
comme des Falacha : toutefois il me semble probable que leur
judaïsme est beaucoup moins pur que celui des Falacha du nord
de l'Abyssinie.

En partant d'Ankober pour retourner à Addis-Ababa, j'ai pris
un chemin différent, plus au nord que celui de l'aller, de manière
à me diriger d'abord sur Dabra-Berhan : dans l'intervalle on rencontre *Laǧagənd* ou *Giorgis* (du nom d'une église qui s'y trouve),
à sept heures de marche d'Ankober; puis on passe devant *Faće*
(Fitché), toute petite place palissadée, qui a été un moment la résidence de Ménélik, et on arrive à *Ǧangu* (à trois heures et demie
de *Giorgis*); de là il faut une heure jusqu'à *Bəllworqye*, où se tient
tous les huit jours un grand marché dans une plaine déserte; *Däbra
bərhān* est à une heure de là; c'est une ancienne capitale déchue,
actuellement gros bourg dispersé, où on achevait lors de mon
passage de bâtir une grande église neuve avec toit zingué, construction confiée à des ouvriers grecs; on m'a raconté que cet
endroit doit son nom (*bərhān* « lumière ») au fait qu'un roi parti
d'Ankober dans une circonstance pressante y arriva à l'aurore.
On trouvera une autre tradition à la page 71 de la *Chronique de
Zar'a Yá'eqób* publiée par PERRUCHON (Bibl. de l'École des Hautes
Études, 1893).

Six heures de marche amènent ensuite à *Mäsyet* (au delà de
Tchaha de la carte), et là on se retrouve en pays galla; mais la
grande route ramène ensuite dans un pays de langue amharique,
pourvu d'une église, *Barugga* (à trois heures de *Mäsyet*); puis,
après le passage de la rivière *Ćatu*, on arrive à une autre rivière,
Deka Bora (à quatre heures de *Barugga*), endroit où on se trouve
définitivement en pays galla; viennent ensuite la rivière de *Qa-
·latye Waśśa*, à deux heures de *Deka Bora*, et *Ekka* (ou *Yekka*), à

Let Maraïya.

six heures et demie de marche plus loin; là on n'est plus qu'à cinq heures d'Addis-Ababa.

Sauf dans la dernière étape avant Ankober et la première quand on en part, où il faut descendre dans une profonde vallée et remonter de l'autre côté, le chemin soit d'aller soit de retour n'offre pas de difficulté, ni d'intérêt : il parcourt généralement de grands plateaux, bonnes terres de culture et surtout d'élevage.

Le ravitaillement est assez aisé; cependant, à l'époque où j'ai passé par là, en octobre, on a de la peine à trouver de l'orge pour les bêtes. Le bois manque presque partout; il faut acheter comme combustible de la bouse de vache séchée.

J'ajouterai comme renseignement pratique que toutes les monnaies frappées à l'effigie de Ménélik, soit thaler, soit monnaies divisionnaires du thaler, ont cours dans cette région, ce qui rend faciles les petites transactions.

Le chemin que j'ai pris à l'aller est suivi presque constamment par la ligne téléphonique italienne d'Addis-Ababa à Asmara; il y a un poste à Ankober, d'où on pourrait au besoin communiquer téléphoniquement.

III. DIALECTES ÉTHIOPIENS NON AMHARIQUES.

GOURAGUÉ.

Si l'amharique. qui est un, de la manière et dans la mesure qui ont été dites plus haut (p. 26 à 28), est actuellement la seule langue usitée dans tout un vaste pays, il paraît bien probable *a priori* qu'il n'a pu atteindre cette généralité qu'en éliminant d'autres parlers autrefois en usage dans le domaine qu'il a recouvert : et en effet, on sait en particulier qu'il a fait regresser peu à peu les dialectes agaw, dont certains restent encore plus ou moins en usage dans des districts restreints ou situés sur les confins de l'Abyssinie.

Or des documents trop rares attestent aussi dans le domaine géographique de l'amharique l'existence de dialectes éthiopiens non amhariques ou du moins très différents du parler qui est devenu l'amharique officiel : ainsi celui du Gafat, petit district dans le sud du Godjam et tout au sud du domaine amharique; celui de l'Argobba, en bordure du plateau abyssin à l'est, sur la limite des Danakil (voir les documents sur ces dialectes dans PRAETORIUS, *Die Amharische Sprache*, 1879, pp. 12 à 14 et dans de nombreux paragraphes au cours du livre). Je n'ai pas enquêté expressément sur l'existence de ces dialectes et je ne puis affirmer ni qu'ils existent encore ni qu'ils ont disparu. Toutefois je puis noter que jamais, au cours de mon information à Addis-Ababa, quand je me renseignais sur toutes les différences dialectales actuellement connues, non plus que dans mon voyage à Ankober et lors de mon passage au Godjam, je n'ai entendu parler d'aucun dialecte non amharique au nord d'Addis-Ababa. Il est donc certain que, si les dialectes cités ci-dessus ne sont pas tout à fait éteints, ils sont strictement localisés en de toutes petites régions et que les Abyssins dans l'ensemble en ignorent l'existence.

Au contraire, tout le monde connaît celle de deux dialectes éthiopiens distincts de l'amharique, isolés en des régions de langues chamitiques au sud d'Addis-Ababa : c'est le harari, dont il a été question page 5, et le gouragué.

Le Gouragué est un pays peu étendu situé au sud-ouest d'Addis-Ababa, directement au sud du pays Soddo (galla); il s'étend à partir de la rivière Omo, vers l'est, sur le plateau élevé qui la domine, puis sur la descente montagneuse qui forme la limite orientale de ce plateau et la plaine de Maraqo, à la base de ces montagnes; il est séparé, à l'est, du lac Zouay, tout proche, par une population galla; au sud il touche le pays de Kambata.

Ce pays est divisé en petits districts, appartenant à des tribus plus ou moins ennemies les unes des autres, de religions variées (chrétienne, musulmane, païenne) : la conséquence linguistique de ce morcellement politique est que, chaque groupe politique ayant son dialecte propre, ce petit domaine contient plus d'une vingtaine de parlers différents. Quelques-uns ne se rattachent pas au groupe sémitique, mais très probablement au groupe chamitique qu'on appelle quelquefois Sidama (comprenant la langue du Kafa, celle du Koullo, etc.; voir pp. 48 et 52); les autres sont tous des dialectes d'une langue sémitique qu'on peut appeler le gouragué; ils présentent assez de traits communs pour qu'on puisse les opposer comme un ensemble au harari ou à l'amharique; mais ils sont divisés en plusieurs groupes bien nets. Chacun de ces

groupes, s'il n'est pas réduit à un seul parler, en comprend deux
ou trois qui sont considérés comme distincts par les indigènes,
mais s'écartent en réalité très peu les uns des autres; entre parlers
de groupes différents, les divergences sont au contraire assez grandes
pour que les individus qui les parlent ne se comprennent pas entre
eux sans un véritable apprentissage. Ce morcellement linguistique,
s'opposant à l'unité de l'amharique, et explicable par un état social
très différent, est une jolie expérience linguistique naturelle.

Il est désirable, pour l'étude comparée des dialectes éthiopiens
en général, et en particulier pour ce qui concerne le lexique,
que le gouragué soit étudié une fois complètement. En effet les
documents publiés jusqu'à présent, encore qu'importants, sont tout
à fait insuffisants : on a une brillante étude philologique étayée
sur des textes trop courts, en supplément à PRAETORIUS, *Die Amharische Sprache*, p. 5o7 et suiv.; CECCHI, *Da Zeila alle frontiere del
Caffa*, 1886-1887, contient au volume II, pages 5o à 109, une
description du pays et de nombreux renseignements sur les habitants, au volume III, pages 463 et suiv., un petit vocabulaire d'un
parler non sémitique, et des notes grammaticales très insuffi-
santes, avec un petit lexique, sur le dialecte le plus important
du Gouragué (en italien *ciaha*, en orthographe française *tchaha*,
en transcription exacte *čəha*); c'est sur ce même dialecte qu'est
basée l'étude de MONDON-VIDAILHET, *Les dialectes éthiopiens du Gou-
râghé*, parue d'abord dans la *Revue sémitique*, 1900-1901, et
rééditée en 1902 dans l'opuscule intitulé *La langue harari et les
dialectes éthiopiens du Gouraghé;* un essai de grammaire complète
est donné là, avec de courts textes, et sans vocabulaire; ce sont
des documents utiles sur le tchaha et à l'occasion sur quelques
autres dialectes; mais ils sont encore trop incomplets et trop souvent inexacts.

J'aurais voulu avoir le temps d'étudier à fond les dialectes gouragué; il n'y faut en effet que du temps : les Gouragué de diverses
tribus abondent à Addis-Ababa, où ils sont employés surtout
comme terrassiers (à l'inverse des Abyssins, ils sont volontiers artisans mais très rebelles à l'état de domesticité). De plus le pays gouragué est situé à peu de distance d'Addis-Ababa; il est entièrement
pacifié depuis l'occupation par les Abyssins et il serait possible
d'y vivre commodément quelque temps. On pourrait donc, et c'est
ce que j'aurais désiré faire, commencer à apprendre le gouragué à

Addis-Ababa avec des informateurs variés sachant l'amharique ; ensuite un séjour dans le pays, qui pourrait n'être pas très long, permettrait de tout vérifier et mettre au point.

Le temps limité que j'ai eu à ma disposition ne m'a permis de réaliser qu'une ombre de ce programme.

J'ai dû me décider, pour voir une partie du pays gouragué, à m'y rendre avant d'avoir pu en apprendre la langue, et d'autre part je n'ai pu y rester que très peu de jours. Le bénéfice du voyage au point de vue linguistique aurait donc risqué d'être presque nul si je n'avais réussi à engager à mon service un Gouragué : cet homme, dont je n'ai eu qu'à me louer à tous égards, est de la tribu chrétienne de *Muḫər* et porte le nom de Gabra Maryam ; les photographies ci-jointes (pl. II) permettent de juger de son aspect : il représente de manière caractéristique un des types du Gouragué : haute taille, traits réguliers, crâne d'un ovale allongé et front haut, teint clair ; un autre type fréquent est au contraire petit, de figure chiffonnée. Cet homme, d'ailleurs intelligent, est bien doué au point de vue linguistique : il a appris en peu de temps l'amharique et le parle bien ; il a de plus la pratique, outre son parler natal, de trois parlers d'autres groupes du Gouragué, et quelques notions sur les autres ; en outre, il était capable d'attacher un certain intérêt à mes questions et de faciliter mon enquête de toutes manières.

Il m'a donc guidé dans son pays ; grâce à ses informations et à ce que j'ai vu et entendu moi-même, j'ai pu juger du morcellement linguistique de la région et acquérir des notions exactes, encore que trop partielles, sur la répartition géographique des différents dialectes.

En route déjà, et surtout au retour, à Addis-Ababa, j'ai obtenu, en interrogeant cet informateur, des notions grammaticales et lexicographiques sur les dialectes qu'il parle ; j'ai pu vérifier une partie de ses indications, pour les dialectes autres que le *muḫər,* avec des informateurs occasionnels, et en constater la grande exactitude d'ensemble.

Toutefois je considère mon enquête comme très insuffisante et je regrette surtout de n'avoir pas eu le temps d'apprendre à parler moi-même le gouragué. Tels qu'ils sont, je pense cependant que mes documents peuvent être utiles ; si je ne viens pas à prévoir pour un temps suffisamment proche la possibilité de les com-

Nouv. arch. des Miss. scient., p. 42.

Type gouragué.

pléter en continuant mon information, je me déciderai à les donner sous forme d'essai, après les avoir mis au point le mieux possible. En attendant, je tiens à donner ici un aperçu de ce que j'ai recueilli.

Le pays gouragué contraste agréablement avec tout ce que j'ai vu d'autre en Abyssinie : ce n'est pas la plaine aux herbes sèches, aux buissons et aux arbres également épineux du bas pays galla, ni les interminables plateaux déboisés du haut pays, où alternent champs et pâturages, surtout pâturages indéfinis d'un vert assez terne : c'est un riant pays accidenté, riches plaines, vallées, pentes boisées. Le paysage y est animé par les cultures de bananiers. La nourriture presque exclusive de toute cette région est en effet le pain fait avec le cœur de l'*ansät* እንሰት ; c'est l'espèce de bananier qu'on appelle en botanique *Musa Ensete*. On trouve aussi dans le pays le palmier dattier, non cultivé et ne donnant que de mauvais petits fruits, mais agréable à voir au sortir des bois monotones de mimosas.

Les habitants sont nombreux, paisibles, actifs; à première vue, ils paraissent d'un étage de civilisation inférieur aux Abyssins : ils sont peu et mal habillés, les femmes souvent revêtues d'une simple jupe de peau mal travaillée. Mais il ne faut pas longtemps pour voir que ces gens sont industrieux, beaucoup plus que les Abyssins : leur petit mobilier, ustensiles en vannerie, poteries, etc., est remarquable par son élégance.

Les maisons ont une forme particulière : une grande poutre centrale, avec des poutres obliques rappelant la disposition des baleines dans un parapluie à demi ouvert, soutient un toit allongé en cône et descendant presque jusqu'à terre. Sauf chez les très pauvres gens, l'intérieur est d'une propreté qui contraste agréablement avec l'ordinaire saleté des intérieurs abyssins, et aussi, il faut le dire, avec la tenue assez crasseuse des Gouragué qu'on est habitué à voir à Addis-Ababa. La photographie ci-après (pl. III) montre quelques-unes de ces maisons et des plantations d'*Ensete*.

Je n'insisterai pas ici sur le nombre, les noms et la répartition des peuplades gouragué; dans l'ensemble la carte du service géographique de l'armée est pour ce pays exacte et assez riche.

Je ne nommerai donc que les dialectes sur lesquels j'ai une information un peu détaillés. Ce sont, comme je l'ai déjà dit plus haut, ceux que possédait mon informateur Gabra Maryam.

Son dialecte propre est celui du *Muḥər;* ce pays est situé sur le plateau, au nord du Tchaha, à peu près là où la carte note *Egou;* le *Gwogyot* (*Gogot* de la carte), qui se trouve à côté, a presque le même langage.

Un second groupe a pour chef de file les *Aymälläl* (*Aimellel* de la carte) et comprend en outre les *Nurännä* tout à côté (voir *Nourema* de la carte), et les *Dāmo* ou *Dāmmo* (entre *Gogot* et *Aimellel*).

Un troisième groupe comprend principalement, à ce qui m'a été dit, le *walani,* qui serait situé au nord du *muḥər,* entre celui-ci et un district appelé *Gadabano;* ce serait à peu près l'extrémité nord du domaine gouragué de ce côté. D'autre part mon informateur prétendait qu'au *walani* se rattachent les dialectes du *Salṭi* et de l'*Uriro,* qui se situent au sud et à l'est de *Maraqo* (*Maroko* de la carte); les *Uriro* seraient une population musulmane limitrophe des païens *wərbarag* (*Oulbarague* de la carte) et peut-être de même langue qu'eux. Je ne sais pas par moi-même ce qu'il en est de la parenté linguistique du *walani* et du groupe *wərbarag;* dans la suite, en attendant de plus amples informations, le *walani* sera considéré comme isolé et non comme chef de file d'un groupe.

Le quatrième groupe comprend d'abord le dialecte *čəhā* (*Tchaha* de la carte), puis les dialectes tout proches des *Ǝža,* au nord, (entre *Čəhā* et *Muḥər*) et des *Gwomaro* (*Gomaro* de la carte), à l'est.

Les *Čəhā* sont la plus importante des peuplades gouragué, par leur nombre, l'étendue de leur pays et leur puissance guerrière. Aussi bien leur langue a-t-elle pris une sorte de prédominance : elle sert, dans un petit cercle, de langue littéraire commune : en effet les poésies chantées sont toujours en dialecte *čəhā* non seulement chez les *Gwomaro* et les *Ǝža,* mais encore chez les *Muḥər,* et aussi chez des populations qui se rattachent à un cinquième groupe dialectal, les *Inōr* et les *Gyetä* (*Guietta* de la carte).

J'ai recueilli aussi bien que j'ai pu la grammaire (flexions nominales, pronoms, conjugaisons) du *muḥər,* du *čəhā,* du *aymälläl* et du *walani;* de plus, un petit vocabulaire (environ 250 mots) des mêmes dialectes, comprenant : les principaux adverbes, les prépositions et conjonctions; les noms de nombre; des verbes usuels; les noms des parties du corps rassemblés aussi com-

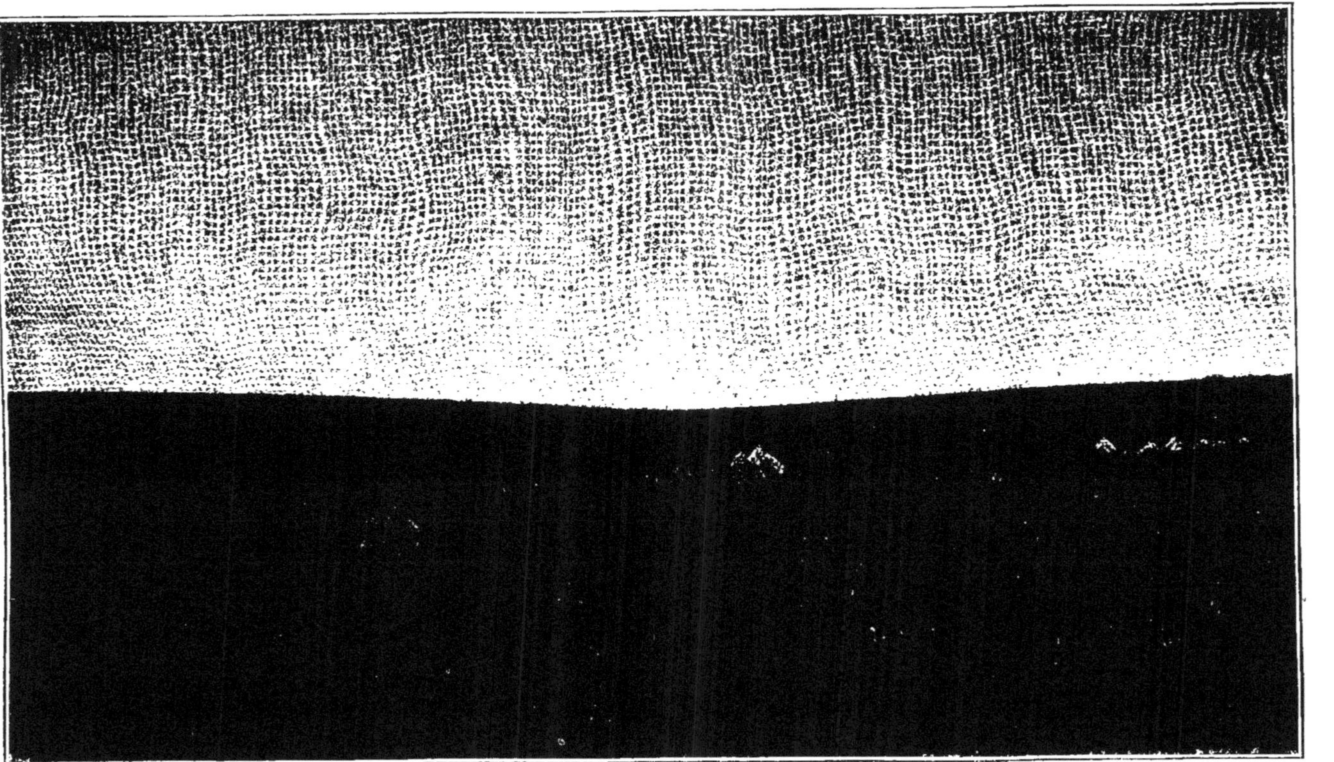

Paysage Gouragué (près de Daqounna).

plètement que possible, etc.; enfin quelques petits textes en *muḫər*
et en *čəhā*.

Voici ce qui me semble résulter à première vue d'une étude
encore superficielle de ces documents.

La phonétique est très proche de celle de l'amharique; elle se
rapproche notamment de l'amharique du Choa par la prononciation ' du *q* (voir ci-dessus p. 33) et l'affaiblissement fréquent
du *k;* mais la présence du *ḫ* (analogue au *ch* dur allemand) comme
représentant d'un ancien *k* affaibli (le ኸ de l'amharique est plus
proche de *h*) produit une ressemblance avec le tigriña qui possède
le même phonème.

Des géminations de consonnes étrangères au geʿez, et caractéristiques de l'amharique, comme celle de la seconde radicale des
verbes au parfait, se retrouvent dans trois des dialectes étudiés;
elles ne manquent qu'en *walani* (comme dans le tigriña).

Pour la morphologie, je ne noterai ici qu'un fait, mais important, et qui n'a pas encore été signalé jusqu'ici : c'est que la con-
jugaison gouragué conserve très fidèlement la distinction du mas-
culin et du féminin à la deuxième et à la troisième personne du
pluriel (comme le tigriña, et contrairement à l'usage de l'amharique).

Dans la construction de la phrase, comme en amharique, les
déterminations précèdent l'élément déterminé, le verbe est à la fin
de la proposition, le sujet en tête.

Sans pousser très loin l'étude du lexique, on voit bien vite que
le vieux vocabulaire sémitique y paraît mieux conservé qu'en
amharique, ce qui par contre-coup fait ressortir de suite quelques
concordances notables avec le tigriña. On peut se demander toutefois si quelques-uns des mots communs à l'éthiopien et à l'arabe
qui sont attestés dans le langage des musulmans gouragué n'ont
pas été réintroduits chez eux par l'influence de l'arabe. D'autre
part, chez les chrétiens, et en général chez les populations dont
les hommes pratiquent le plus la migration saisonnière à Addis-
Ababa, les empiètements du vocabulaire amharique sont très
visibles.

Une étude comparée du vocabulaire gouragué avec celui des
langues du nord de l'Abyssinie permettra de mieux juger du rapport de parenté qui peut les unir. On voit d'après ce qui a été dit
ci-dessus que la phonétique n'est pas très favorable à un rappro-

chement; d'autre part les rapports des deux morphologies peuvent
tenir à une concordance dans la conservation, non à une parenté
spéciale. Je m'abstiens donc provisoirement d'un jugement sur la
place qu'occupe le gouragué dans les langues éthiopiennes, et ne
veux ni confirmer ni infirmer l'opinion répandue, notamment chez
les Abyssins, de l'étroite parenté du gouragué avec le tigriña.

VOYAGE AU LAC ZOUAY ET AU PAYS GOURAGUÉ.

Il ne me reste plus qu'à donner brièvement l'itinéraire du court
voyage (trois semaines en tout) dont quelques étapes m'ont fait
vivre en pays gouragué.

Pour aller d'Addis-Ababa au Gouragué, il faut de toute manière
traverser des régions galla; j'ai voulu, dans le chemin d'aller, voir
le Mont Zouqouala et le lac Zouay. On atteint d'abord la rivière
Aqaqi, en cinq heures de marche à travers le plateau monotone
et dénudé; cinq autres heures amènent ensuite à *Dəkkōm,* déjà dans
la brousse boisée de mimosas, mais encore cultivée par endroits;
de là on monte en trois heures à *Wǎmbǎr.* Womber, gros bourg
peuplé d'une colonie abyssine, est bâti sur le flanc du Zouqouala :
le Zouqouala est un ancien volcan, dont le cône élevé et abrupt
domine de quelque 1000 mètres la plaine environnante; de Womber une heure et demie de montée amène au bord du cratère, dont
le fond est rempli par un lac; l'aspect de ce lac, des rochers qui le
bordent, la vue étendue sur tout le pays alentour font un très
beau paysage; c'est un lieu de pèlerinage extrêmement fréquenté
des Abyssins, qui viennent s'y sanctifier au couvent d'Abbo ou
Gabra Manfas Qeddous, qui est le saint le plus souvent invoqué à
Addis-Ababa.

De Womber, sept heures de marche mènent jusqu'à un gué de
l'Aouache, dans le domaine de la peuplade galla des *Ǧille qōrqe.*
A cinq heures et demie au delà de l'Aouache on traverse la rivière
Maqi (*Maki* de la carte), et à quatre heures de là on se trouve à
un point dont j'ignore le nom, situé sur la rive ouest du lac Zouay,
et où se tient un grand marché hebdomadaire; la population de
l'endroit est la peuplade *Ǧille gōna.* Un peu plus loin au sud on
rencontre, m'a-t-on dit, des *Wāta,* population non galla, qui chasse
et mange l'hippopotame; on a déjà signalé maintes fois des fractions
de cette population en diverses régions d'Abyssinie, notamment sur

les bords du lac Tana, où on l'appelle *Woyto* et où sa présence m'a été confirmée lors de mon passage dans ce pays.

Les Galla *ǧille* paraissent presque exclusivement pasteurs; ils sont d'un étage très bas dans la civilisation : presque pas habillés, ils vivent assez misérablement de l'élevage; ce sont des païens, parmi lesquels quelques-uns acceptent des conquérants abyssins un christianisme tout nominal; ils paraissent au reste assez intelligents en général, et sont de rapports faciles.

Le pays est une plaine à pauvre végétation herbacée, semée de mimosas; au bord du lac, une petite bordure forestière se distingue par des essences plus variées; presque partout un large marécage empêche qu'on approche de l'eau, et les hippopotames peuvent y pâturer en sécurité. Tout le bord du lac est infesté de moustiques; mais ils ne sont pas dangereux dans la saison sèche; j'ai campé trois jours à cet endroit en décembre, et personne de ma caravane n'a eu la moindre attaque de fièvre, malgré de nombreuses piqûres. Il serait au contraire imprudent de séjourner là pendant la période des pluies, et surtout immédiatement avant ou après (il faut donc éviter les mois de mai à novembre).

Le but de mon voyage étant le Gouragué, je n'ai pas voulu m'attarder au Zouay : je n'ai donc pas vu le marché qui s'y tient; je n'ai pas pu non plus aller aux îles du Zouay, notamment celle de Dabra-Sina, où ont été retrouvés des manuscrits, comme il a été dit plus haut, p. 14; en effet les populations de l'endroit où j'étais n'ont pas de barques, et on ne peut s'en procurer à cette place que quand d'autres Galla y viennent par eau pour le marché. Les noms des îles sont bien donnés, en général, sur la carte française; néanmoins j'ai recueilli *Galila* au lieu de *Dalila* et *Funduro (Foundouro)* au lieu de *Fouldouro*.

Du Zouay je me suis dirigé vers *Maraqo* (*Maroko* de la carte) dans la direction ouest : cinq heures de marche amènent à un endroit dit *Gadaïlal,* au bord d'une rivière *Wagi* ou *Maqi,* peut-être affluent du *Maqi* dont il a été question plus haut, et de là où parvient en quatre heures et demie au marché de *Maraqo,* après avoir traversé un pays de plus en plus agréable, où des arbres d'essences variées agrémentent un paysage animé.

La plaine de Maraqo est vaste et riche; des Européens y essaient diverses cultures. C'est le bord oriental du pays gouragué; les gens de Maraqo sont une population à part; on remarque dès l'abord la coiffure des femmes, qui ne ressemble à rien chez les populations d'alentour; les Maraqo sont païens; leur langage, d'après ce que j'ai pu savoir, serait un rameau de la langue *gudella*, qui est parlée plus au sud : c'est un parler sidama (voir plus haut p. 40). Le marché de Maraqo est très fréquenté des Gouragué des régions avoisinantes.

De Maraqo, en traversant la riche plaine, parsemée de cultures de bananiers, de *Masqan*, dont on longe le petit lac, on arrive en trois heures au pied de la montée qui aboutit au plateau gouragué : montée très escarpée, et d'ailleurs très pittoresque : rochers, torrents, végétation variée, troupes de singes; en quatre heures et demie on arrive en haut, à la crête du pays de *Muḥər*.

De là quatre heures de marche mènent, à travers une région déserte et vallonnée, à un endroit appelé *Ya-zəhōn afənča* « Nez de l'éléphant », dans un pays assez bien exploité; ensuite en six heures et demie on atteint le fleuve *Gwota*, à la limite entre les *Ꜫža* et les *Čəhā*; là on est tout à côté de la ville de *Daqunna*, située en plein pays *čəhā*, mais maintenant peuplée surtout de colons abyssins; une petite excursion dans les environs de cette ville m'a permis d'apprendre de nombreux détails sur la vie gouragué (cultures, alimentation, mobilier, etc.); c'est là qu'a été prise la photographie de la planche III.

Comme je n'avais pas le temps d'aller plus loin, ni de séjourner plus longtemps, je me suis décidé à rebrousser chemin vers le nord; une première étape de quatre heures m'a fait parvenir à la limite de la tribu *Aklīl*, près d'une petite ville à colonie abyssine qui s'appelle *Ya-sahara aklīl* (dans la direction de *Moguer* de la carte).

A quelque 5 kilomètres de cet endroit, près d'un autre poste abyssin dont je n'ai pas conservé le nom, j'ai vu le petit monument que représente la photographie ci-contre (Pl. IV).

On voit un peu partout, dans l'Abyssinie du sud, des pierres dressées : les unes sont de simples bornes sans ornements ni inscriptions, comme celle dont il s'agit ici (à côté de laquelle une pierre couchée a dû être apportée en même temps); d'autres comportent des figures sculptées, dont la plus ordinaire représente une rangée de larges épées; ces pierres sculptées ont été rencontrées dans la partie haute du *Soddo* (à peu près au nord des *Aimellel* de la carte); ces mégalithes ont été décrits par Chollet et Neuville,

Pierre de Gragne (en pays Gouragué).

Note préliminaire sur les mégalithes observés dans le Soddo, Bulletin de la Société philomathique de Paris, VII, 1905 : à un endroit, ces auteurs ont pu constater que des tombes se trouvaient au pied des monuments : ce seraient donc des pierres tombales ; mais on ne sait absolument pas à quelle époque ni à quel peuple les attribuer. On trouvera aussi des photographies intéressantes de monolithes (et des indications précises, accompagnées d'une carte, sur un itinéraire un peu différent du mien), dans DE CASTRO, *Un' escursione al monte Zuquala, al lago Zuai e nei Soddo,* Boll. de la Soc. geogr. italiana, 1908, fasc. I et II.

Mon chemin ne m'ayant pas amené dans la partie haute du Soddo, je n'ai pas pu voir les plus beaux de ces monuments.

Dans la région même où j'étais, le *Muḫər,* je n'ai vu de mes yeux que la pierre qui est représentée ici ; le temps pressant, et sur l'affirmation concordante de plusieurs indigènes que les autres pierres de la région étaient analogues à celle-ci, sans inscriptions, je me suis contenté d'en prendre la liste : il y a donc, dans les environs de *Šahara aklīl* (outre le monolithe représenté ici) une pierre levée à côté de l'église Maryam, une à côté de l'église Abbo, une à Garafa, une à un endroit dit *Gərea;* nombreuses, m'a-t-on dit, sont les pierres de cette sorte dans la partie basse (un peu plus à l'ouest) du pays de *Muḫər.*

Toutes ces pierres sont appelées par les Gouragué comme par les Abyssins *Pierres de Gragne (le Gaucher) :* elles sont attribuées au célèbre conquérant musulman qui a conquis presque toute l'Abyssinie au XVIᵉ siècle. De sa main gauche unique, il les aurait dressées, pour y attacher son cheval, chaque gisement marquant un autre campement. Il manque une explication légendaire pour le cas où plusieurs de ces pierres sont l'une à côté de l'autre. Les gens du *Muḫər* ne connaissaient pas les sculptures des pierres du Soddo ; ils m'ont seulement dit que l'une d'entre elles porte la marque des doigts de Gragne.

De *Šahara aklīl,* qui est donc situé à la limite des *Muḫər* et des *Aklīl,* cinq heures suffisent, en traversant le pays *agəmǧa,* pour arriver à la frontière des *Soddo-Galla.* A partir de là on retrouve la grande plaine nue, où les arbres peuvent se compter sans peine, et la population galla agricole qu'on est habitué à voir dans la région d'Addis-Ababa. La photographie ci-après (pl. V) montre l'aspect de cette plaine au gué du fleuve Aouache.

A partir de la frontière des *Agəmǧa,* six heures et demie amènent à une petite rivière dont je n'ai pas noté le nom, la première au delà de *Tole* (*Toli* de la carte), qui est le siège d'un grand marché; de là il faut huit heures jusqu'à l'Aouache; un peu avant le lit actuel de l'Aouache on rencontre un ancien lit desséché, dans des rochers qui m'ont paru être calcaires; là se voient des grottes aménagées en habitations troglodytiques; elles servent de lieux de refuge pendant les guerres, dit-on dans la région.

De l'Aouache, en sept heures et demie de marche on parvient à Fouri, aux portes d'Addis-Ababa.

Tout mon voyage s'est effectué sans incidents notables : on ne saurait compter comme tels quelques chicanes inattendues en certains endroits, suffisamment contre-balancées par un accueil d'une belle amabilité en certains autres.

Le chemin est facile dans l'ensemble; seule la montée après Maraqo est malaisée pour les bêtes de charge.

Le ravitaillement en farine est quasi impossible presque partout; on peut en général trouver de la viande et des œufs.

Toutes les monnaies divisionnaires à l'effigie de Ménélik sont acceptées tout le long de la route; pour les thalers, ceux de Ménélik ne sont guère d'usage; il faut se munir de thalers de Marie-Thérèse.

On coupe près de Maraqo la ligne téléphonique d'Addis-Ababa au Kambata, mais on ne rencontre pas de poste en cours de route.

IV. LANGUES CHAMITIQUES.

Le temps m'a tout à fait manqué pendant la durée de ma mission pour étudier des idiomes non sémitiques d'Abyssinie. Toutefois j'ai tenu à me rendre compte autant que possible de la manière dont on pourrait pratiquement recueillir ces parlers, et je donne ici quelques indications à ce sujet.

GALLA.

La langue galla fait partie d'un groupe distinct avec le somali, le dankali ou afar, et le saho : or ces trois derniers dialectes,

Gué de l'Aouache au sortir du pays Soddo.

encore qu'on n'en connaisse pas complètement le lexique, ont été relativement bien mieux étudiés que le galla.

J'ai pu constater en particulier que le lexique le plus récent qu'on ait de cette langue, compilé par Viterbo d'après des documents de voyageurs, et publié d'abord dans le volume III de Cecchi, *Da Zeila alle frontiere del Caffa,* 1887, puis réimprimé en 1892 dans les Manuels Hœpli (*Grammatica e dizionario della lingua oromonica*), est très inexact et incomplet : une courte enquête, faite à titre de sondage, m'a permis de voir qu'il serait facile d'y ajouter et rectifier beaucoup en fort peu de temps.

Le galla a pourtant une importance qui justifierait une étude plus poussée : les divers dialectes galla, relativement homogènes autant que j'ai pu m'en rendre compte, recouvrent un très grand domaine dans l'Abyssinie méridionale, et le *wallo galla* se parle encore dans un district de l'Abyssinie centrale. Le galla peut donc être d'une grande utilité pratique pour les voyageurs et les colons.

Au point de vue scientifique, une étude plus complète du vocabulaire galla permettra sans doute de juger de l'origine d'un certain nombre de mots amhariques : les populations galla sont depuis trop longtemps en contact, souvent même entremêlées avec les Abyssins, pour qu'il n'y ait pas une influence linguistique réciproque.

D'autre part rien n'est plus facile que l'étude du galla pour un Européen établi dans l'Abyssinie du sud et qui a quelques loisirs : à Addis-Ababa notamment on trouve quantité de Galla abyssinisés, qui possèdent l'amharique sans oublier leur langue maternelle ; quelques-uns d'entre eux connaissent en outre une langue européenne : beaucoup d'interprètes sont des Galla.

Au reste, la langue galla s'apprend vite, du témoignage de tous les Européens qui en ont fait l'essai : c'est une langue claire à l'audition, aux voyelles nettes, où les mots se détachent bien.

La tâche est donc intéressante, et assez facile : il est à souhaiter qu'on n'attende plus trop longtemps une étude complète sur la langue galla.

Les missionnaires ont depuis longtemps senti l'importance du galla ; c'est à ceux d'entre eux qui ont vécu longtemps en pays galla qu'on doit la plus grande partie de ce qu'on en sait ; la petite imprimerie de la Mission, à Dirré-Daoua, doit, paraît-il, donner un lexique français-amharique-galla. Ce sera un document bienvenu.

LANGUES SIDAMA.

J'ai déjà dit plus haut un mot de ces langues (voir pp. 4o et 48);
je tiens à dire ici combien elles sont peu connues : de mauvais
vocabulaires de quelques dizaines de mots sont tout ce qu'on a
pour certaines d'entre elles; on n'a rien pour d'autres; seule la
langue du Kafa, géographiquement la plus importante, a été un
peu mieux étudiée.

Au reste aucune de ces langues n'a une grande aire d'extension;
l'intérêt qui s'attache à leur étude est presque uniquement d'ordre
scientifique.

Les conditions matérielles sont aussi, pour leur étude, beaucoup
moins favorables que pour le galla; il peut être pénible de séjourner longtemps dans un des pays éloignés de l'Abyssinie du sud;
néanmoins l'exemple de Maraqo, où résident des Européens, montre
qu'on pourrait étudier au moins une de ces langues sans se mettre
dans des conditions de vie bien pénibles.

LANGUES AGAW.

Les langues chamitiques du groupe agaw ont dû, à une certaine
époque, recouvrir à peu près toute la partie du plateau abyssin qui
constitue maintenant le domaine des idiomes sémitiques. Actuellement il n'en subsiste quelques dialectes que dans des districts restreints ou situés à la frontière du domaine sémitique : ainsi le bilin
tout au nord (dans la colonie italienne de l'Erythrée), le dialecte
de l'Agawmeder à l'ouest du Godjam, le ḥamir dans le Lasta.

Les travaux de Reinisch et de quelques autres savants ont déjà
fait connaître plus ou moins une grande partie de ces dialectes.
Néanmoins beaucoup de questions de grammaire comparée des
langues sémitiques du groupe éthiopien, sans parler de la grammaire comparée des langues sémitiques et chamitiques, resteront
loin de toute solution tant que les langues agaw ne seront pas
mieux étudiées. Or elles sont toutes en voie de régression, sinon
de disparition complète : c'est ainsi que l'ancien idiome agaw des
Falacha, encore signalé comme vivant il y a une quarantaine
d'années, semble être maintenant tombé entièrement en désuétude.

Il serait donc temps d'explorer méthodiquement ce qui subsiste
des dialectes agaw : les plus faciles à atteindre sont ceux qui se

parlent dans la colonie italienne de l'Érythrée, où le séjour est plus commode de toute manière; ce seraient ensuite les dialectes du Lasta, dont le domaine est situé près de la ligne télégraphique italienne, le long de laquelle un ou deux Européens résident dans certains postes; la vie serait un peu plus pénible, mais sans aucun danger menaçant, dans l'Agawmeder.

Il serait possible de trouver à Addis-Ababa même des informateurs agaw; le temps m'a absolument manqué pour en rechercher et en interroger.

ÉTUDES ETHNOGRAPHIQUES.

Mesures anthropométriques. — On n'a pas encore beaucoup de mesures anthropométriques prises sur des Abyssins; cependant des documents utiles sont contenus dans l'ouvrage du Dʳ Vernon, *Anthropologie et ethnographie,* dans Duchesne-Fournet, *Mission en Éthiopie,* vol. II (d'après les mesures du Dʳ Goffin), et dans l'opuscule du Dʳ de Castro, *Note di Antropologia normale (A proposito di osservazioni fatte in Abissinia),* Estratto dagli Atti della R. Accademia medico-chirurgica di Napoli, 1906.

J'aurais voulu ajouter quelque chose à ces documents; mais mes occupations linguistiques m'ont laissé trop peu de temps pour que je puisse penser à mensurer de grandes séries d'individus. Je n'ai recueilli, en fin de compte, que quelques chiffres, que j'ai transmis au laboratoire d'anthropologie du Muséum.

Types. — Il ne manque plus maintenant de livres de voyageurs richement illustrés sur l'Abyssinie; beaucoup de documents utiles ont été mis ainsi à la disposition des anthropologistes et des ethnographes.

Je me suis efforcé, au cours de mon séjour, de photographier le plus possible d'Abyssins; chaque fois que je l'ai pu je les ai photographiés de face et de profil; parfois même j'y ai ajouté une photographie du dessus du crâne (comme sur la photographie de Gouragué insérée ci-dessus pl. II).

Dans un article sur les costumes et les coiffures, dont il sera question ci-dessous, un certain nombre de mes photographies sont utilisées.

J'en ai remis une quarantaine d'autres au laboratoire d'anthropologie du Muséum, avec des indications sur l'origine des individus représentés.

Physiologie. — Quelques observations m'ont fourni la matière d'une courte note sur le *Développement des glandes mammaires chez les adolescents (mâles) en Abyssinie,* parue dans les *Comptes rendus des séances de l'Institut français d'anthropologie* (supplément à l'*Anthropologie*), séance du 17 avril 1912, p. 79.

Civilisation matérielle. — Sur la civilisation abyssine les livres

des voyageurs et différents ouvrages tels que le *Vocabolario amarico-italiano* de Guidi contiennent de très nombreux renseignements; beaucoup procèdent d'observations bien localisées. Cependant on a très rarement une description des choses accompagnée
à la fois d'une image et des termes techniques correspondants.

Je me suis efforcé pendant mon séjour en Abyssinie de travailler
à l'étude parallèle des choses et des mots.

Aussi ai-je tâché de recueillir le plus possible d'objets abyssins.
Les crédits m'étaient malheureusement étroitement mesurés; de
plus, bien des objets très bon marché sont fragiles et encombrants,
et leur transport occasionnerait des frais considérables; j'ai donc
dû limiter mes acquisitions. J'ai acheté tout d'abord quelques spé-
cimens de l'art abyssin, peintures ou sculptures sur bois coloriées.
Pour le reste, j'ai borné mes achats à des objets usuels plus ou
moins grossiers, petits bijoux de cuivre, zinc ou ivoire (d'éléphant
et d'hippopotame); j'ai aussi rapporté des échantillons d'épices
usuellement vendus au marché : pour tous les objets j'ai noté le
nom amharique.

Pour les objets que je ne pouvais emporter, j'ai eu recours à la
photographie, sans cesser mon enquête lexicographique.

Enfin j'ai recueilli des documents photographiques sur diverses
attitudes usuelles, sur le vêtement, sur la coiffure.

Cette enquête, malheureusement encore incomplète, mais assez
systématique, m'a suffisamment récompensé en me fournissant
un grand nombre de mots inédits.

Il n'aurait pas été pratiquement réalisable, vu le coût des photo-
gravures, ni même très utile, étant donné que beaucoup d'objets
sont ou suffisamment définis par une bonne description ou
connus par ailleurs, de publier une photographie de tous les objets
rapportés avec moi ou photographiés en Abyssinie. Je me suis contenté d'un choix systématique, qui fera l'objet de deux articles,
avec cinquante-deux figures, dans la *Revue d'Ethnographie et de
Sociologie* (1912 et 1913); une première partie est consacrée à l'industrie, notamment à l'industrie du coton, à la fabrication de la
bière, etc.; une autre aux attitudes, vêtements et coiffures.

Coutumes et superstitions. — Sur ce sujet encore, j'ai tâché de recueillir des documents précis, et j'ai sans peine rencontré des faits
intéressants et plus ou moins inédits.

L'apparition d'un article récent sur les jeux abyssins (*Abessinische Kinderspiele*, Amharische Texte übersetzt und erklärt von Eugen Mittwoch, *Mitt. des Seminars für Orientalische Sprachen*, Berlin 1910) m'a engagé à enquêter à mon tour sur le même sujet; les résultats de cette enquête ont paru dans un article du *Journal asiatique*, nov.-déc. 1911.

Sur les coutumes du mariage et de l'enterrement et diverses croyances vulgaires, il paraîtra un article dans la *Revue d'histoire des religions* (fin 1912).

J'ai constamment éprouvé au cours de mes enquêtes combien un intérêt porté aux faits ethnographiques donne une base solide à l'information linguistique. Je suis convaincu aussi qu'on ne saurait faire une enquête ethnographique complète sans une connaissance suffisante de la langue du pays : le voyageur qui passe sans séjourner et interroge par interprète est exposé à de fréquentes méprises, à moins qu'il ne connaisse parfaitement certaines techniques et y limite son enquête.

VOYAGE DE RETOUR.

Quand j'ai dû songer à revenir en France, j'ai résolu de ne pas retourner à Dirré-Daoua à travers le pays galla ou dankali, mais de traverser toute l'Abyssinie du nord, d'Addis-Ababa à Massoua.

J'ai jugé ce voyage indispensable pour compléter mes idées sur l'Abyssinie en général et contrôler les résultats de mes études de l'année. Il m'était notamment impossible de bien juger de l'originalité du dialecte du Choa sans avoir observé si peu que ce fût sur place le langage d'autres provinces. Ce voyage devait me permettre, de plus, de reconnaître en différents points les frontières de l'amharique, au sud et au nord.

Pour toutes ces raisons, je n'ai pas cru devoir m'arrêter à aucun des motifs d'appréhention qui auraient pu empêcher un voyage moins utile : longueur du chemin (près d'un mois et demi) dans un pays où ne se rencontre aucun Européen, et où les routes ne sont pas toujours faciles; danger aussi de quelque insécurité si un conflit intérieur éclatait en Abyssinie. L'événement m'a d'ailleurs donné raison : les fatigues ont été presque nulles, et la sécurité parfaite; ceci malgré la mort du régent de l'empire, survenue le jour de mon départ, ce qui montre, en passant, combien est stable l'administration actuelle de l'Abyssinie.

Ce résultat ne pouvait être obtenu que grâce à une préparation soigneuse du voyage. J'ai dû m'en occuper près d'un mois à l'avance, et supporter des frais assez lourds; la dépense s'est montée à 3ooo francs environ d'Addis-Ababa à Massoua.

Je donne ici des détails succincts sur l'organisation de la caravane : peut-être ne seront-ils pas inutiles à quelque autre voyageur.

On peut voyager en Abyssinie de deux manières.

On peut d'abord traiter pour le transfert des bagages avec un entrepreneur de transports, dit ነጋዴ *naggādye* (en français d'Abyssinie « naggadi ») : pour un prix de tant la charge, il amène au but du voyage les bagages qu'on lui confie, dans un délai maximum fixé à l'avance, s'il est payé pour un parcours fixe, ou suivant la volonté du client si celui-ci le paye à la journée. Ce naggadi, possesseur des bêtes de charge, a toujours intérêt à aller lentement pour ne pas les fatiguer, et à éviter les chemins difficiles. Il entrave donc autant qu'il est en lui la liberté du voyageur, quand celui-ci veut aller vite, explorer une région à l'écart des grandes routes, etc. Aussi, quoique ce premier moyen soit, pour un voyage court, moins onéreux et comporte moins de responsabilités, on est souvent conduit à préférer l'autre.

Le second procédé consiste à acheter soi-même des bêtes de charge, à engager des hommes pour les charger et les conduire, et à diriger le tout; on supporte alors les risques pécuniaires (morts de mulets, vols, etc.) et on a souvent fort à faire pour maintenir la cohésion et l'ardeur des muletiers.

Pour une route très connue, chemin régulier de caravanes, comme celui de Dirré-Daoua à Addis-Ababa, le voyageur, surtout s'il est encore novice et n'a pas l'expérience des caravanes et du pays, fera toujours bien d'accepter l'entrepreneur de transports.

Pour de petites excursions à l'intérieur du pays, le choix est à peu près indifférent : il faut mettre en balance, d'un côté la peine qu'on doit se donner en dirigeant soi-même une caravane, et le coût plus grand de ce mode de voyage, de l'autre côté l'ennui qu'on peut éprouver à dépendre d'un naggadi qui gêne l'exploration, — et choisir ce que l'on trouve momentanément le moins désagréable : pour moi j'ai usé des deux systèmes : seul pour aller à Ankober, je me suis résigné au naggadi pour aller au Zouay et au pays gouragué, et sais que de toutes manières les menus incidents ne manquent pas : ils ne sont au reste pas toujours dénués d'intérêt.

Pour un très long voyage, comme devait être mon voyage de retour, on n'a guère le choix : aucun naggadi ne veut entreprendre une route aussi longue. Dans les conditions les plus favorables, il ferait la moitié de la route (ainsi d'Addis-Ababa à Gondar) et il faudrait ensuite en retrouver un autre pour aller jusqu'au bout, ce qui peut toujours ne pas se rencontrer à point nommé. En tout cas on n'aurait aucune garantie de ne pas traîner très longtemps en chemin, et d'autre part, vu les prix demandés pour les longs parcours, la dépense risquerait d'être en fin de compte plus grande en se confiant au naggadi qu'en organisant une caravane privée.

J'ai donc dû équiper entièrement ma caravane. J'avais heureusement trois hommes de confiance, depuis longtemps à mon service, mes collaborateurs dans mon travail linguistique, et mes aides fidèles dans mon dernier voyage : *Asaffaw* le boy, *Çǝrqos* le cuisinier,

Busara le palefrenier-écuyer. Ils m'ont tout d'abord aidé à trouver d'autres hommes : en premier lieu deux aides pour eux-mêmes pendant le chemin, puis des muletiers : un muletier-chef, destiné à commander les autres sous ma surveillance, et cinq muletiers ordinaires (on compte généralement un homme pour deux bêtes de charge).

Les premiers hommes engagés se sont occupés de l'achat des bêtes. Je n'ai pas épargné l'achat de mulets de selle, condition indispensable pour aller vite : il faut qu'une partie des hommes soient montés, quitte à céder leur monture à ceux de leurs camarades piétons qui sont trop fatigués ou blessés au pied, comme il arrive souvent. Quant aux mulets de bât, il est indispensable d'en avoir en surnombre : à moins qu'on n'aille avec une excessive lenteur, il arrive toujours un moment où les bêtes les plus fortes s'épuisent et où les suppléants du début deviennent les principaux travailleurs : malgré mes précautions j'ai dû céder des mulets en cours de route pour des prix dérisoires ou même en laisser mourants sur le chemin, et j'ai dû en racheter d'autres à la place; pourtant je n'en avais besoin vers la fin que d'un moins grand nombre, après épuisement de la plus grande partie des provisions de voyage.

Après avoir acheté les bêtes, il a fallu leur acheter ou faire faire un équipement : selles ou bâts abyssins.

D'autre part, j'ai dû faire les usuelles provisions de route : pour moi, des conserves de viande et de légumes, en comptant à peu près une conserve de chaque espèce par jour; du café, du thé, du sucre et du chocolat en abondance, et surtout de la farine, enfin des pommes de terre. Pour mes compagnons, de la farine, du poivre rouge, du café. Enfin du savon, des bougies et des allumettes en quantité suffisante.

De toutes ces denrées, seuls de la grossière farine et du poivre rouge peuvent et doivent être rachetés en route : encore faut-il s'y prendre à temps pour le ravitaillement, car on ne trouve à acheter de la farine que dans les centres un peu importants, et quelquefois avec peine. On achète de plus en chemin, quand on le peut, des œufs, des poulets, des animaux de boucherie, du pain tout cuit, de l'orge pour les bêtes, quelquefois du foin coupé, et enfin souvent du combustible; mais plus d'une fois il m'est arrivé de rester deux ou trois jours sans pouvoir me ravitailler de plusieurs de ces denrées ou même de n'en trouver aucune.

L'alimentation peut être complétée en route par la chasse : presque partout on rencontre au moins un des gibiers les plus usuels : lièvres, perdrix, pintades, gazelles.

Les Abyssins ne sauraient marcher avec confiance que bien armés, et une caravane sans fusils recevrait partout un accueil moins déférent. Je me suis conformé à l'habitude en achetant trois fusils Gras, destinés à être revendus au bout du voyage, et un nombre respectable de cartouches.

Enfin, pour ce voyage dans le Nord, il était nécessaire de s'inquiéter des valeurs d'échange; en effet, dès qu'on arrive à cinq jours de marche environ au nord d'Addis-Ababa, toutes les monnaies divisionnaires et les thalers à l'effigie de Ménélik sont absolument sans usage. Il faut donc être muni d'une quantité suffisante de thalers de Marie-Thérèse. Comme monnaie divisionnaire on rencontre partout l'encombrante barre de sel, dite *amolye* : on en trouve dans les marchés, chez les changeurs, souvent aussi chez les particuliers; si on prend soin d'avoir toujours à l'avance la valeur de deux ou trois thalers monnayés en sel, on peut faire tout le long de la route les petits achats quotidiens sans trop d'incommodité et sans trop s'encombrer; le cours du sel et la taille des barres varient de province en province. Il est bon néanmoins d'avoir encore d'autres objets d'échange, moins encombrants, et pouvant servir à de menus trocs (la barre de sel représente généralement un quart de thaler; même en la coupant en deux, on n'a pas l'équivalent de la plus petite monnaie abyssine, la piastre, dont la valeur nominale est un sixième de thaler). Tout d'abord les cartouches de fusil Gras servent partout de monnaie, suivant un cours variable. Souvent aussi on peut utiliser les culots des cartouches tirées (les Abyssins ne s'en servent pas seulement comme monnaie; ils en refont des cartouches, ou utilisent le cuivre pour d'autres usages). J'ai éprouvé que les aiguilles sont peu appréciées. Au contraire, une excellente monnaie est le cordonnet de soie noire, bon pour faire un *mātāb* (cordon noué au cou, signe de chrétienté) : il est très apprécié partout, et d'un transport des plus faciles. Enfin les femmes recherchent les parfums.

Il ne faut pas négliger non plus de se munir de différents objets offrables aux chefs avec qui on peut être en rapports. Pour les clercs, et surtout pour les jeunes élèves qui grouillent autour des grandes églises, les crayons sont d'un attrait incomparable.

Pour voyager en Abyssinie, il ne suffit pas d'avoir une caravane bien organisée : il faut encore posséder le permis de circuler. Le gouvernement abyssin délivre des passeports qui permettent de franchir sans encombre et sans frais toutes les limites provinciales et leurs postes de douanes. Il faut, pour une expédition un peu longue, faire composer ce passeport avec soin, de manière à ne pas être limité à un chemin déterminé, ou arrêté dans la visite de certains endroits intéressants (marchés, sanctuaires, etc.), et y faire spécifier le droit de photographier en tous lieux. Moyennant quoi on jouira partout, comme j'ai fait, des bons effets de l'administration abyssine, en évitant presque complètement son esprit tâtillon. Je tiens à exprimer ici mes remerciements au gouvernement abyssin qui m'a délivré mon passeport; au dédjazmatch Gabra Sallassyé, gouverneur, du Tigré, qui m'a recommandé à ses subordonnés, me facilitant la visite d'Axoum, et me procurant des réquisitions sur son territoire; — à la légation de France, qui a demandé pour moi la délivrance du passeport, enfin à M. le comte Colli, ministre d'Italie, dont l'aimable recommandation m'a valu le plus charmant accueil des fonctionnaires italiens à Gondar, à Adoua, et dans la colonie de l'Érythrée.

Deux chemins peuvent conduire d'Addis-Ababa à Asmara : le plus direct est celui de l'est; il est suivi par la ligne télégraphique italienne : il passe par Warra Hilou, le pays wollo, Makallé et le pays tigré; c'est le plus court, mais de beaucoup le moins intéressant pour qui s'occupe de langue amharique et d'histoire de l'Abyssinie. La route de l'ouest, que j'ai suivie, permet de traverser le Godjam et le Baguémeder, deux provinces purement amhariques, puis de voir Gondar, qui a été longtemps la capitale de l'Abyssinie, enfin de pénétrer dans le Tigré par la route d'Axoum, la ville sainte qui était la capitale politique du premier empire sémitique en Éthiopie.

Parti d'Addis-Ababa le 11 avril 1911, je suis arrivé le 27 mai à Asmara. Les principales divisions du voyage sont les suivantes : d'Addis-Ababa au Nil Bleu (premier passage), huit jours; — du Nil Bleu au Nil Bleu (traversée du Godjam), dix jours; — du Nil Bleu à Gondar, neuf jours; — de Gondar à Axoum, dix jours; — d'Axoum à Asmara, sept jours.

Je vais maintenant détailler le chemin, en indiquant brièvement les principaux résultats de mes observations. Je ne reviens pas sur les nombreux éléments de vocabulaire et tous les renseignements intéressants sur les coutumes abyssines que j'ai recueillis pendant ce voyage : le profit sous ce rapport en a été fort appréciable.

Je n'ai pas suivi un itinéraire original, mais la plus courte des grandes routes qui vont à Gondar. Les principaux points sont bien indiqués sur la carte du Service géographique, ainsi que le relief, au moins en général. J'indique les noms que j'ai notés sur place avec les distances en heures (sur la distance parcourue en une heure, voir p. 34); ces indications pourraient faciliter la route à quelqu'un qui viendrait à suivre le même itinéraire.

En partant d'Addis-Ababa vers le nord, le premier pays traversé est le pays galla du Salalé; les points dont j'ai noté les noms sont : *Sululta* (à trois heures d'Addis-Ababa), *Buba* (cinq heures plus loin), la rivière *Duber* (voir *Douber* sur la carte), à sept heures de Buba, *Wučale, Sonkurt* (*Choncourt* de la carte), à six heures trois quarts de *Duber*.

Ce pays est un plateau, coupé de failles brusques et profondes où coulent les rivières. Souvent on peut les contourner, quelquefois il faut y descendre pour remonter de l'autre côté.

Aux environs de *Wučale* j'ai vu, par deux places au moins, des pierres, en un endroit dispersées, dans l'autre accumulées, qui semblent avoir été travaillées; peut-être y a-t-il là des ruines anciennes très abîmées; mais mon passage rapide et l'ignorance des habitants ne m'ont pas permis d'en savoir plus, et je ne saurais rien affirmer.

Chonkourt est la résidence du gouverneur actuel du Salalé, le dédjazmatch Kassa; j'y ai été reçu par lui fort aimablement.

Chonkourt est au bord même de la profonde vallée d'une des rivières qui constituent le Djamma, affluent du Nil Bleu (voir *Zlega* sur la carte).

C'est dans la faille que se trouve Dabra-Libanos (à une heure de Chonkourt) : la célèbre ville religieuse occupe, à mi-chemin du fond, une petite plaine, où paraît la végétation des parties basses de l'Abyssinie, dites *qwâlla*. De l'autre côté de la profonde vallée commence le pays de langue amharique. Dabra-Libanos est donc comme un poste avancé en avant de la frontière linguistique; c'est en effet un très vieil établissement abyssin, où on

Dabra-Libanos.

n'entend parler qu'amharique. Le site de Dabra-Libanos, dont la photographie ci-contre (pl. VI) peut donner quelque idée, est fort beau, un des plus beaux que j'aie vu en Abyssinie : les rochers escarpés d'où coule la source miraculeuse, les gorges et grottes profondes transformées en ossuaires forment un cadre sauvage. Malheureusement les anciens couvents ont été détruits; la nouvelle église de Takla Haymanōt, le célèbre saint du Choa, patron de Dabra-Libanos, est une bâtisse récente, due à des entrepreneurs européens, qui imitent en pierre et en zinc le plan des vieilles églises rondes de bois et chaume. A côté des simples enclos où les fidèles viennent se tremper dans l'eau miraculeuse, une petite maisonnette fraîchement plâtrée, où l'eau captée arrive par des conduites, a été bâtie pour servir de piscine à Ménélik, impérial pèlerin.

La renommée de ce Lourdes abyssin est considérable; les pèlerins viennent nombreux à la source, et la tradition des prodiges s'y perpétue. Ainsi on m'a raconté qu'il y a cinq ou six ans un moine avait rencontré dans un champ une vache qui léchait un objet : cet objet était une croix miraculeuse tombée du ciel; on la conserve maintenant dans une maison et on la montre deux fois par an aux fidèles. On m'a aussi conté qu'au moment du pèlerinage de Ménélik, en 1908, on avait vu un homme et une femme rester accouplés pendant trois jours.

Dabra-Libanos n'est pas salutaire qu'aux vivants. Il est bon d'y être enterré : aussi y envoie-t-on des ossements, souvent de fort loin, emballés comme l'on peut, quelquefois dans des caisses qui ont apporté d'Europe des conserves ou du chocolat; caisses et ossements restent là, dans les anfractuosités des rochers saints. Pour les grands du Choa, Dabra-Libanos tend à devenir une sorte de Saint-Denis : des parents de Ménélik y sont déjà enterrés, et c'est là qu'on a inhumé le ras Tassamma, régent de l'empire. Il est mort dans la nuit du 10 au 11 avril 1911, et le corps a été immédiatement et secrètement emporté; quand je suis arrivé à Dabra-Libanos, l'enterrement avait eu lieu; le dédjazmatch Kabbada, fils du ras, luxueusement campé à côté, recevait les condoléances suivant la coutume abyssine, et je lui ai présenté les miennes au passage.

Malgré mon désir, et une recherche rapide, je n'ai pas trouvé de livres intéressants à acheter à Dabra-Libanos.

En quittant Chonkourt on passe près de *Faće* (*Fitché* de la carte), précédemment capitale du Salalé, et on arrive en six heures à *Dagam*, sensiblement à la limite du Salalé.

Le pays traversé ensuite s'appelle le Djarso, et il est encore galla; c'est une plaine interminable, unie et desséchée; en dix heures et demie on arrive au bout, au bord de la grande coupure du Nil Bleu, à un endroit où se trouve un poste de douane (*kyella*); le pays est galla, mais quelques Amhara y habitent aussi.

On descend ensuite dans la vallée, profonde de près de 1000 mètres, déserte, très chaude, et d'ailleurs belle, du Nil Bleu ou Abbay. Un chemin de quatre heures mène à un endroit de campement, à mi-côte, et de là deux heures et demie suffisent à atteindre le gué, qui n'offre aucune difficulté pendant la saison sèche.

Un pont doit être maintenant en construction à quelque distance à l'ouest de ce gué qui est situé près du confluent du Djamma et de l'Abbay.

Après le gué, une montée de trois heures et demie amène, à travers des plantations de coton, à un premier campement dans la province du Godjam : désormais la route ne traverse plus de pays galla; partout l'amharique est la seule langue actuellement parlée.

De la crête on gagne *Boraboro* (église de Sallassyé) en cinq heures, puis *Gano* en huit heures et *Däbra-Warq* (*Debra Ouerk* de la carte) en cinq heures et demie. Le chemin n'offre pas de difficultés.

Dabra-Warq est une petite ville, groupée sur les flancs d'une éminence; le sommet est occupé par une grande église; au bas de la colline coule une source miraculeuse. C'est une ville ecclésiastique et un centre religieux qui semble avoir encore une certaine importance.

La légende locale fait remonter la fondation de la ville à Abraha et Asbaha, les frères légendaires, premiers rois chrétiens d'Abyssinie (vers le ivᵉ siècle), et la constitution de l'église-couvent à l'empereur Dawit, c'est-à-dire au début du xvᵉ siècle. D'autre part la chronique éthiopienne mentionne la ville comme le lieu de sépulture de l'empereur Eskender en 1495 (voir BASSET, *Études sur l'histoire d'Éthiopie*, pp. 13 et 103); d'autres mentions postérieures ne manquent pas dans l'histoire d'Abyssinie.

Voici ce qu'on peut voir sur place : l'église elle-même (consacrée
à Marie) est bâtie comme les églises ordinaires d'Abyssinie, en
belle charpente, avec un toit de chaume; elle est toute peinte de
fresques à l'intérieur; je n'ai pas eu le temps d'y rechercher des
noms qui pourraient permettre de fixer plus ou moins la date où
elles ont été peintes; elles ne m'ont pas paru très anciennes. Autour
de l'église sont construits divers tombeaux. D'autre part, tout à
côté, se trouve une espèce de tour carrée qui sert de magasin pour
les objets sacrés : or cette tour est construite en maçonnerie ci-
mentée, telle que jamais les Abyssins n'ont su en faire; plus loin
dans la ville, nombreux sont les bâtiments maçonnés de même,
plusieurs ont un premier étage : une petite ville a donc été construite là par des ouvriers étrangers, sans doute à la même époque
que les ponts du Nil (voir p. 66) et les palais de Gondar (voir
p. 69).

Comme je m'informais de livres à vendre, on ne m'a proposé
tout d'abord qne des ouvrages déjà connus et sans intérêt. Mais
quand j'ai demandé plus spécialement des textes historiques, notamment d'histoire locale, un prêtre s'est offert à copier un « livre »
sur Dabra-Warq; il m'a en effet apporté deux pages en amharique,
donnant un résumé de la légende locale. Je compte publier un jour
ce petit texte et revenir à ce propos sur l'histoire de Dabra–Warq.

Je me suis trouvé à Dabra-Warq pour la Pâque abyssine; aussi
y ai-je séjourné trois jours, pour permettre à mes hommes de
célébrer la fête et à toute la caravane de se reposer. J'en ai profité
non seulement pour enquêter sur l'histoire locale, mais aussi pour
observer mieux les habitants et leur langage.

Le Godjam, au moins la partie que j'en ai vu, donne une impression de pauvreté à côté du Choa; la terre paraît beaucoup
moins riche, et elle est beaucoup moins cultivée.

Les gens sont assez différents des types du Choa : les hommes
sont en général beaucoup plus grands, maigres, à visage anguleux.
Les femmes portent, par-dessus la robe de toile de coton, une jupe
en peau que je n'ai vue dans aucune autre province abyssine.

J'ai constaté sur place en Godjam combien l'amharique local
diffère peu au total de celui du Choa; jamais on n'éprouve aucune
difficulté à se faire comprendre ni à comprendre. Toutefois j'ai observé à nouveau certaines particularités du dialecte godjamite déjà

connues et signalées : ainsi l'adjonction de la désinence du pluriel
nominal à une proposition relative (Armbruster, *Amharic Grammar*, p. 71, n. 1), la forme spéciale à cette région du parfait composé du verbe (p. 104 du même livre), et quelques notables
particularités du vocabulaire touchant des mots très usuels. La
prononciation d'une prépalatale au lieu d'une postpalatale ou
d'une vélaire (ፍ *č* pour ከ *k* et *č* ቈ pour *q* ቀ) m'a paru fréquente;
elle se trouve attestée par ailleurs dans le vocabulaire amharique
commun, mais elle n'a pas encore été signalée, à ma connaissance,
comme particularité locale.

En partant de Dabra-Warq je suis allé en une étape assez
longue de six heures et demie à un endroit appelé *Wofa* ou *Wofit;*
mais on pourrait sans peine camper à mi-chemin; de *Wofa,* on
arrive en cinq heures trois quarts à *Qəranəyo* (*Keranyo* de la carte),
tout petit village à côté d'une grande église consacrée au Sauveur
(*Madhānē Alam*); de là, trois heures et demie de route amènent à
Moṭa (*Mota* de la carte); c'est une véritable petite ville, assez peuplée, avec une grande église. J'ai pu, toutefois non sans quelque
peine, y renouveler ma provision de farine abyssine, ce qui m'était
indispensable pour continuer la route.

Mota est de ce côté la dernière ville du Godjam; tout de suite
après, on se trouve à la crête du plateau et on descend au Nil Bleu
qu'on atteint en six heures et demie environ, à l'endroit où la
carte marque *Pont brisé.* Il se trouve là en effet un ancien pont,
construit pendant ou tout de suite après l'époque des Portugais
(xviie siècle); il s'était écroulé et, comme le gué est fort mal commode en cet endroit, les voyageurs avaient pris l'habitude de passer
par un autre pont datant de la même époque, situé plus à l'ouest
(*Dildi-Pont* de la carte); mais le pont brisé a été réparé en 1908
par des ouvriers européens employés par Ménélik, restauration
que commémore sur le pont même une inscription mal gravée et
incorrecte en amharique. Cette route est donc maintenant le chemin le plus court pour le voyageur qui ne tient pas à longer la
rive du lac Tana et à voir la ville de Kouérata.

Après le passage du Nil Bleu on se trouve dans la province du
Baguémeder. Sa capitale, à diverses époques résidence impériale,
Dabra-Tabor ou Samara, est située dans une partie montagneuse.
Sur l'affirmation maintes fois répétée de divers informateurs que

cette place actuellement dépeuplée n'offre rien de remarquable, j'ai résolu d'éviter à ma caravane le retard et la fatigue du mauvais chemin qui y mène, et de traverser la plaine unie qui borde le lac Tana jusqu'à *Ifag* (*Yfag* de la carte). Voici quelles ont été mes étapes à partir du pont du Nil : *Danqwol-Iyasūs* (cinq heures), *Asmôn*, *Walaqye Qusqwam* (peut-être *Oualaké* de la carte), à cinq heures de *Danqwol-Iyāsūs*; de là, en traversant la vallée engorgée d'une rivière appelée Modjo, on arrive en neuf heures au *dabər* (église-couvent) de *Galawdewos*; je ne sais si j'ai été bien conduit à ce moment du voyage et si on ne pourrait pas trouver un chemin plus facile. De *Galawdewos* sept heures de marche mènent à *Manog-zore-Iyasus*, d'où on atteint Ifag en sept heures; Ifag est situé à peu près à la limite nord du Baguémeder proprement dit.

La plaine du Baguémeder ne m'a pas fourni beaucoup d'observations intéressantes; la terre, manifestement formée d'alluvions, serait sans doute très riche si on la cultivait; mais la majeure partie est en friche. Les habitants n'ont pourtant pas l'air très misérable, bien qu'ils se plaignent actuellement avec raison des exactions du ras Walda Guiorguis.

Pour le langage, j'ai observé peu de particularités; c'est d'ailleurs ce qu'on doit attendre, puisque le Baguémeder est la principale province du pays proprement amhara. Quelques mots du vocabulaire frappent cependant, notamment l'emploi de አንኳን *ənkwān* comme négation (« non »), qui paraît propre à cette région.

Ifag est le siège d'un marché assez fréquenté; il est maintenant pourvu d'un bureau téléphonique, ce qui doit l'imposer à l'attention du voyageur européen : en effet les Italiens font construire une ligne téléphonique qui se détache à Warra-Hilou de la grande ligne Asmara–Adoua–Addis-Ababa, et passe par Dabra-Tabor et Ifag pour se diriger sur Gondar; en mai 1911 cette ligne a atteint Denqaz (voir ci-dessous); je ne sais si elle a été depuis prolongée jusqu'à Gondar.

De Ifag deux routes peuvent mener à Gondar : la plus facile passe par la plaine du Dambya; l'autre, plus à l'est, s'engage en pays montagneux. C'est celle que suit la ligne téléphonique : je me suis décidé à la prendre en partie pour cette raison; je voulais en effet faire transmettre des dépêches; or l'employé abyssin principal était parti avec les appareils au bout de la ligne en construction, ne laissant à Ifag qu'un subordonné avec un petit récepteur sans sonnerie. De plus je tenais à voir Denqaz, résidence du ras Walda Guiorguis.

Le chemin passe d'abord à Kérita, Derita de la carte (à trois heures et demie d'Ifag); de là une étape de sept heures trois quarts m'a amené à proximité d'un col, appelé le col de Gragne, *grañ barr;* on m'a dit que le tombeau du célèbre conquérant musulman se trouve non loin de là, de l'autre côté des montagnes, dans la plaine du Belesa (voir la carte). Du sommet de la haute crête montagneuse que suit la route on a de très beaux points de vue, d'une part sur l'immense nappe du lac Tana, d'autre part sur les régions orientales, où on aperçoit les montagnes du Lasta. La contrée qu'on traverse est pleine de ces *amba* caractéristiques des montagnes du nord de l'Abyssinie; ce sont des sortes de cubes de pierre qui terminent des pics par une plate-forme plane et inaccessible : on sait que ce sont des *amba* qui ont toujours servi de prisons d'État en Abyssinie.

Une dernière étape de quatre heures m'a amené, en franchissant le col de Gragne, à la ville de *Dǝnqaz* (*Dinkas* de la carte). Sur le chemin j'avais rejoint le téléphoniste et pu, après vingt-quatre jours de route, communiquer à nouveau avec Addis-Ababa et envoyer des nouvelles en Europe; le lendemain, la ligne téléphonique devait atteindre Denqaz.

Cette ancienne ville a été, au début du xviie siècle, une résidence impériale, et il en subsiste quelques ruines informes que j'ai vues de loin, mais n'ai pas eu le temps de visiter. Elle a perdu toute importance après la création de Gondar vers le milieu du xviie siècle. Elle a repris dans ces dernières années une certaine activité depuis que s'y est établi le ras Walda Guiorguis : ce grand personnage abyssin, parent de Ménélik, qui gouverne directement le Baguémeder et le Dambya, étend en outre sa juridiction sur toutes les provinces plus septentrionales : c'est une sorte de vice-roi à qui le gouvernement choanais a confié la garde du Nord. Il s'est donc établi non à Dabra-Tabor qui ne commande que le Baguémeder, mais plus au nord, à un endroit d'où il peut surveiller le Tigré, toujours prêt à s'agiter contre la domination des provinces méridionales. Il a fait construire à Denqaz quelques grandes maisons abyssines pour lui et un village pour ses gardes, domestiques et esclaves. Je l'ai vu dans son salon peu luxueux, encadré de deux mitrailleuses; sa puissance nominale est très grande, ainsi que sa fortune personnelle; mais son avidité lui a aliéné ses administrés, et son avarice écarte les soldats mercenaires. Denqaz m'a paru en somme un petit village assez misérable, et non le siège d'une puissance sérieuse.

De Denqaz on descend à Gondar en sept heures de marche.

Gondar est fort bien situé sur une espèce d'éperon qui domine de loin la plaine du Dambya et commande la principale route qui mène, à l'ouest du Samen, de l'Abyssinie du Nord à l'Abyssinie centrale. Gondar a été la capitale de l'empire d'Abyssinie pendant plus de deux cents ans, du milieu du xviie siècle au milieu du xixe siècle. Son fondateur a été l'empereur Fāssiladas (1632-1667), celui qui a chassé les jésuites d'Éthiopie; son nom est resté attaché, sans doute presque toujours avec raison, aux constructions qui ont été exécutées anciennement en Abyssinie par des ouvriers étrangers, notamment les ponts du Nil Bleu dont il a été question ci-dessus, p. 66. Les Abyssins l'appellent ኣጼ ፡ ፋሲል *aṭye fāsil;* c'est de ce nom qu'ils désignent aussi les constructions de Gondar, disant ainsi « l'empereur Fassil » au lieu de « *palais de* l'empereur Fassil »; mais on dit aussi le « gemb » ግምብ *gəmb* c'est-à-dire « construction en maçonnerie, palais ».

Ces constructions élevées à Gondar et dans les environs par Fāsiladas et certains de ses successeurs, chacun ajoutant un nouveau palais, sont dues selon toute probabilité à des architectes hindous; ce sont de grands châteaux fort élégamment construits et ornés; on en a de belles photographies dans Rosen, *Eine deutsche Gesandtschaft in Abessinien,* 1907, p. 398 et suiv.; tous sont maintenant à l'état de ruine abandonnée, comme aussi la plupart des quarante-quatre églises de Gondar.

Autour de ces établissements royaux la ville s'étend en trois espèces de gros bourgs, avec plusieurs villages moins importants : dans ces bourgs les maisons, rapprochées, se serrent dans de petits enclos bien murés bordant des ruelles tortueuses; là on retrouve l'impression d'être à la ville, qu'on n'a pas l'occasion de ressentir souvent en Abyssinie.

Quand Gondar a cessé d'être la capitale de l'Abyssinie, tout le mouvement de la cour, des affaires politiques et militaires s'en est retiré; mais Gondar est resté une place assez importante pour le commerce; malgré sa dévastation par les derviches en 1888, de nombreux commerçants nomades, naggadis en grande partie musulmans, y ont conservé leurs maisons où ils laissent leur famille et résident eux-mêmes pendant la mauvaise saison.

Aux environs de la ville se trouve un petit village de potiers falacha, sur lequel Rosen, *ouv. cité*, p. 426, a donné de suffisants détails; je n'ai pas vu que rien s'y soit modifié depuis son passage.

A Gondar je suis resté trois jours, nécessaires pour visiter la ville et préparer ma caravane à poursuivre le chemin : vente de mulets fourbus et achat de mulets frais, remplacement d'un muletier malade par un homme valide, allègement des charges, etc.

J'ai eu pour toutes ces opérations l'aide précieuse et pendant tout mon séjour la compagnie très agréable du docteur Calò, médecin militaire italien. Les Italiens ont en effet à Gondar un poste commercial avec un agent, momentanément absent lors de mon passage, un médecin et deux menuisiers (et leurs domestiques tigréens), qui font là de la pénétration pacifique. La compagnie d'un Européen instruit était un précieux régal après un mois passé exclusivement en société d'Abyssins.

Malgré l'aide que je pouvais avoir de ce côté, les informations que j'ai prises en ces quelques jours ne m'ont pas rapporté beaucoup de faits intéressants pour ma mission. Au point de vue de l'amharique, je n'ai rien trouvé à noter pendant mon court séjour. Je me suis assuré que les gens du pays ne connaissent pas aux Falacha d'autre langage que l'amharique : leur ancien dialecte agaw paraît bien mort; peut-être tout au plus quelques vieillards s'en souviennent-ils encore, mais je n'ai eu l'occasion d'en interroger aucun.

J'ai en vain essayé d'acheter des livres à Gondar; cette ancienne métropole religieuse a été abandonnée du clergé comme de la cour.

Pour ce qui est du type des habitants, on est frappé de la très grande abondance d'individus à teint clair; plusieurs raisons peuvent expliquer ce fait : teint clair d'une population citadine, mélanges anciens avec des immigrés blancs (ceci fort douteux), immigrations d'éléments tigréens, souvent plus clairs de peau que les Abyssins du sud.

Au nord-ouest de Gondar, un pays relativement plat s'étend jusqu'au Sätit, nom que prend le cours inférieur du Takkazé, et au delà du fleuve la plaine se poursuit dans la colonie de l'Érythrée : il semble que le chemin le plus commode vers le nord devrait passer par là; mais cette route a toujours été impraticable jusqu'à maintenant par suite des incursions des Soudanais, au sud du Takkazé, et de la présence au nord des sauvages Kounama. Maintenant les Kounama sont tenus en main par les Italiens, et les derviches sont momentanément réfrénés. Aussi les Italiens commencent-ils à utiliser cette voie relativement commode et seule praticable pour les chameaux.

Le chemin traditionnel prend au contraire une direction nord-est, de manière à gagner Asmara ou Massoua par Axoum et Adoua.

C'est ce chemin que je devais prendre pour voir Axoum, et les différentes places où des vestiges antiques ont été conservés. Aussi bien est-ce le seul connu des Abyssins, et le seul où puisse s'engager une petite caravane médiocrement équipée; les grosses caravanes des naggadis le suivent elles-mêmes à petites journées; on y rencontre sans cesse des files de centaines de mulets pesamment chargés, faisant leur étape journalière de 10 à 15 kilomètres.

Ce chemin est au total pénible : très médiocre de Gondar à Debareq, il devient de là au Takkazé extrêmement difficile.

Au sortir de Gondar on traverse d'abord la province du Wagara; ce sont des chemins encore assez faciles, qui amènent peu à peu de l'altitude de Gondar (environ 1900 mètres) jusqu'à la hauteur de Debareq (2900 mètres environ); au bout de la première étape j'ai campé en un endroit innommé et inhabité, à sept heures et demie de Gondar; à six heures et demie de là se trouve Dara, siège d'un marché, et à huit heures plus loin *Dabäräq* (*Dobarik* de la carte).

Debareq est un point important, avec une petite ville et une douane, au seuil du défilé par où on sort du Wagara. En se dirigeant de là vers l'est on peut entrer dans le Samen, la région la plus haute de l'Abyssinie, dont on ne cesse pas de voir les hautes montagnes sur tout le reste du chemin jusque vers Axoum.

La carte du Service géographique, satisfaisante pour le reste du parcours, me réservait une fâcheuse surprise pour cette partie de la route : après une forte descente de Dobarik à Sahagni, elle marque deux itinéraires jusqu'à Tabalaka sur le Takkazé, sur une surface où le blanc semble indiquer un terrain dénué d'accidents; or c'est au contraire l'endroit le plus effroyablement coupé de vallées à pic, dont la plupart sont profondes de près de 3oo mètres : ce ne sont donc que montées et descentes continuelles qui épuisent complètement les bêtes de charge. Les noms des rivières sont de plus mal indiqués sur la carte en question.

Il ne manque pourtant pas de cartes qui donnent une idée exacte de cette région : celle de Rohlfs, *Meine Mission nach Abessinien*, 1883, donne une assez grande quantité de noms et un certain nombre de cotes barométriques. La carte de Lefebvre, *Voyage en Abyssinie, album*, est exacte, mais moins riche.

La province qui s'étend de Debareq au Takkazé s'appelle Waçaya; elle confine à l'ouest au Waldebba.

Un peu après Debareq, on sort du défilé dont il a été question ci-dessus et on découvre alors un paysage fabuleux de montagnes qui descendent en moutonnant sur une énorme surface, en arêtes vives ou émoussées, mais toujours avec des pentes abruptes et d'immenses pans de rochers nus. C'est dans cette région montagneuse qu'on reste ensuite perdu plusieurs jours.

De Debareq il faut une heure et demie pour atteindre Wulkeffit qui est environ à 2oo mètres plus bas; de là on descend à peu près 7oo mètres pour atteindre *Dəbbhar* (*Dibbabahr* de la carte); cette descente n'est pas très longue (je l'ai faite en deux heures trois quarts), mais elle est très abrupte et très dangereuse : c'est ce qu'on appelle la passe de Lamalmon, terreur des caravanes; on ne peut laisser passer les mulets que un à un et en les soutenant à certains endroits. Après Debbhar on s'engage dans la vallée d'un torrent desséché, qu'on suit en traversant et retraversant une quarantaine de fois le lit de la rivière qui s'appelle pour cette raison *Arbā arät* « quarante-quatre »; la route suit ce torrent (du sud au nord) jusqu'à son embouchure dans une rivière qui, comme toutes celles qui se rencontrent ensuite, coupe le chemin en se dirigeant d'est en ouest. Cette rivière s'appelle *Zaréma* d'après les cartes; sur place on n'a pas su m'en dire le nom.

Au reste il n'est pas facile de se renseigner dans ce pays; il faut se fier généralement aux renseignements fournis par les naggadis qu'on rencontre en route : en effet le pays est désert; quelques très pauvres villages s'aperçoivent dans les montagnes, loin de la route ; on y trouve des habitants sauvages, apeurés devant l'étranger, sans ressources, à qui on ne peut rien acheter : c'est ainsi que pendant plusieurs jours, par les plus mauvais chemins, il faut renoncer à donner de l'orge aux bêtes si on n'en n'a pas emporté; l'herbe même est très médiocre. C'est donc une région où il ne faut se lancer que bien préparé.

Je donne pour la suite les noms que j'ai pu recueillir, et des mesures en heures de route qui correspondent à des distances moindres que d'habitude, vu la lenteur de la marche.

Je me suis arrêté le premier soir, sept heures après Debbhar, dans un endroit sans nom; à partir de là, à deux heures, une rivière (dite de *Çaw barr* « défilé du sel »); puis à une heure et demie plus loin une crête (près d'un endroit dit *Barra māryām* « défilé de Marie »); une rivière, *May Taklit* (*may* veut dire « eau, rivière » en tigriña), un plateau (à quatre heures de Barra Māryām), une rivière *Bweya* (une heure et demie plus loin), puis une crête, et la rivière *Ansya* (à quatre heures et demie de *Bweya*). De là on arrive en deux heures et demie à une plaine où passe une rivière appelée *May ṣabri* : à cet endroit on est enfin sorti des précipices et du désert; on retrouve un village, appelé Madhané Alam (*Madané* de la carte) et on peut enfin se ravitailler un peu, encore que médiocrement; au moins l'herbe est-elle bonne pour les mulets et le chemin qui suit moins pénible : rivière *Sərāntya* (à une heure de *May Ṣabri*), rivière *Guwwi* (une demi-heure plus loin), rivière *Mᶜeyni, Mai Aini* de Rohlfs et Lefebvre (à deux heures de *Guwwi*); on est là tout près de *Tabalaqe* (*Tabalaka* de la carte) et de Hayda qui sont un peu à l'écart du chemin principal; le village le plus proche est Addi-Ambassa.

Après cet endroit commence presque tout de suite une descente de 5oo mètres environ qui mène en trois heures au lit du Takkazé.

C'est le Takkazé qui forme la limite administrative du Tigré, et il semble bien que le Takkazé constitue une bonne frontière naturelle. La limite linguistique se trouve cependant plus au sud : la province du Walqayt, une partie au moins du Waldebba parlent tigriña. Dans le Waçaya, sur la route que j'ai suivie, le premier nom de lieu tigriña rencontré est celui de May Taklit; sur interrogation, on m'a donné comme étant la limite du pays où le tigriña est actuellement la langue maternelle des habitants la rivière Bweya, qui coule environ 10 kilomètres au nord de May Taklit.

Tout le pays que j'ai traversé à partir de là jusqu'à Asmara parle le tigriña.

Du lit du fleuve on remonte sur la crête au nord du Takkazé, montée d'environ 800 mètres, en près de quatre heures; la douane de Addan Qatto se trouve à une heure de là, et un campement commode une heure et demie plus loin. La province désormais parcourue est le Chiré; le chemin n'offre aucune difficulté.

On est frappé du contraste de ce pays avec les précédents : le ciel est plus bleu, le climat plus chaud. D'autre part la terre est beaucoup mieux mise en valeur; on sent dès l'abord que la population qui l'habite est active et industrieuse.

J'ai noté sur la route *Demba Guna* (à deux heures du dernier campement, c'est-à-dire trois heures et demie de la douane), *May Sibinni* (deux heures plus loin), *Addo* ou *Fito* ou *Sallassye* (trois heures trois quarts plus loin), *Baläs* (deux heures plus loin), la rivière *Salaḫläḫa* (à trois heures trois quarts de *Baläs*), *Tambuk*, puis *Aksum* (à sept heures et demie de la rivière *Salaḫläḫa*).

Axoum a été la capitale du premier empire d'Abyssinie, qui s'est constitué probablement au Ier siècle de l'ère chrétienne; on y voit encore divers monuments datant des IVe et Ve siècles, quelques-uns peut-être plus anciens. Depuis la fin du Xe siècle Axoum a perdu sa dignité impériale, mais est restée la ville sainte de l'Abyssinie, et l'endroit où les rois viennent se faire sacrer. C'est aussi une des rares grandes villes de l'empire abyssin; elle contient plusieurs quartiers enclos de murs, et eux-mêmes subdivisés en cours où s'élèvent des maisons souvent bien construites, assez grossièrement maçonnées, mais d'aspect solide, relativement propres et commodes. La population m'a paru assez dense, mais je n'en saurais donner une évaluation.

Les photographies ci-jointes (pl. VII) donnent une idée de l'aspect de la ville; elles se font suite, celle du bas (B) représentant la partie du paysage qui est située à l'est par rapport à celle du haut (A) ; on peut faire facilement le raccord au moyen de l'arbre au feuillage en boule qui se trouve tout à fait à droite de A et à la gauche de B, et du mur en hémicycle qu'on distingue à côté de cet arbre (visible tout entier dans B et seulement par une de ses extrémités dans A). Au milieu de B on voit les fameux obélisques d'Axoum, vers la gauche de A la grande église, qu'on appelle indifféremment Sion ou Marie; la place du Couronnement, visible aussi sur la photographie, se trouve juste en face de l'église.

A.

B.

_ Axoum.

Je ne décrirai pas ici Axoum et ses monuments. Tout ce qu'on pouvait voir en une visite rapide et sans faire de fouilles a été vu et publié avec beaucoup d'intéressantes photographies par Bent, *The sacred city of the Ethiopians*, 1893. Depuis cette époque une expédition archéologique allemande est restée plusieurs mois à Axoum et a fait des fouilles étendues, grâce à l'appui intelligent de Ménélik et du dédjazmatch Gabra Sallassyé ; un aperçu des résultats de cette exploration a été publié : Littmann und Krencker, *Vorbericht der deutschen Aksum-Expedition* (Anhang zu den Abhandlungen der Kgl. Preuss. Akad. der Wiss., Berlin) 1906 ; les éthiopisants attendent avec impatience le compte rendu complet.

Il ne pouvait être question pour moi, dans les trois jours que j'ai pu m'accorder pour la visite d'Axoum, de chercher du nouveau. J'ai dû me contenter de prendre connaissance autant que possible de tout ce qui est visible. Sur l'ordre du dédjazmatch Gabra Sallassyé (contenu dans une lettre dont j'étais muni), le fitaorari qui gouvernait Axoum en son nom m'a donné des guides, qui m'ont promené partout dans la ville et aux environs immédiats ; j'ai vu ainsi tout ce qui est en plein air. Mais les prêtres se sont bien gardés de me montrer deux inscriptions historiques importantes qui sont conservées dans les magasins de la grande église ; comme à ce moment j'ignorais leur emplacement exact, je n'ai pas pu faire de démarches plus précises pour les voir ; mes guides avaient répondu à mes interrogations qu'ils ne connaissaient pas ces inscriptions, en quoi ils étaient peut-être eux-mêmes de bonne foi.

J'ai photographié le plus que j'ai pu de tous les monuments anciens, notamment les curieuses pierres carrées qui semblent avoir été la base de trônes solennels. Je n'ai pas eu le temps de prendre des estampages des inscriptions ; j'ai dû me contenter de faire des photographies qui m'ont donné un résultat médiocre.

Je ne signale ici qu'un objet, que je ne vois pas mentionné dans le compte rendu sommaire de Littmann et Krencker : c'est une vasque en pierre qui se trouve près de la porte de l'enclos-cimetière de la nouvelle église des Quatre-Animaux ; elle sert, m'a-t-on dit, de baptistère ; son bord est tout caché d'un côté par la terre de tombes qui l'avoisinent, et cassé en partie de l'autre côté ; j'ai pu obtenir la permission de gratter la terre, de manière à voir tout autour de la vasque : il y court une inscription où, au milieu de signes très abîmés, on reconnaît un certain nombre de carac-

tères éthiopiens non vocalisés, avec des barres de séparation entre
les mots. Dans l'état actuel des choses je ne vois pas de sens à cette
inscription, mais peut-être s'expliquerait-elle par d'autres. Je ne
peux pas identifier la vasque avec celle qu'a dessinée LEFEBVRE,
Voyage en Abyssinie, album, planches archéologiques, ni l'inscription avec celle qu'il a relevée sur la vasque représentée; je n'ai cependant vu qu'un objet de cette sorte; donc, ou bien Lefebvre
a vu une vasque qui ne m'a pas été montrée, ou il a déformé
dans sa reproduction celle que je connais. Si le compte rendu
complet de l'expédition allemande ne contient rien à ce sujet,
je pense y revenir moi-même ailleurs.

J'ai acquis à Axoum une dizaine de monnaies de bronze : on
continue en effet à en trouver en abondance dans la ville et autour
et les enfants les vendent. Une seule des monnaies que je possède
ne se trouve pas à ma connaissance parmi celles qui ont déjà été
publiées; elle porte une croix allongée, qui n'est pas habituelle
dans les monnaies axoumites, et une inscription en caractères éthiopiens partiellement lisible. Quand la collection de l'expédition
allemande (qui a rapporté de nombreuses monnaies) aura été publiée, on verra plus précisément quel intérêt peut avoir cette monnaie, comme confirmation ou comme supplément. Je signale qu'on
appelle à Axoum toutes les monnaies anciennes ርእስ ፡ ዮሐንስ ፡
rəʾəsa yoḥannəs « tête de (Saint-)Jean ».

J'ai acheté à Axoum quelques-uns des livres et des rouleaux
magiques dont il a été question plus haut dans le chapitre consacré
aux manuscrits. C'est le seul endroit sur ma route où j'ai pu faire
de cette sorte d'acquisitions, et j'aurais pu en faire plus encore si
j'avais eu du temps pour choisir parmi ce qu'on m'offrait, et des
crédits plus étendus.

Mon manque de préparation ne m'a pas permis d'utiliser le
trop court séjour que je faisais dans le Tigré pour apprendre le
tigriña. Au moins ai-je pu juger de son aspect phonétique. On sait
que l'amharique a perdu toutes les spirantes vélaires qui font l'originalité du système sémitique et les ignore même dans la prononciation liturgique du geʿez qui les possédait: il est intéressant de
les entendre prononcer en tigriña, qui a grâce à ce fait un son
assez proche de l'arabe.

J'ai pu d'autre part recueillir des informations intéressantes sur la situation de l'amharique en pays de langue tigriña : l'amharique est la langue officielle et sert actuellement de langue écrite. Les malheureux Tigréens ont donc deux langues savantes : le geʿez est réservé à l'usage liturgique, l'amharique sert pour le reste et s'écrit seul couramment ; le tigriña ne s'écrit presque jamais. Un jeune Tigréen qui apprend l'alphabet commence dès lors à apprendre l'amharique. J'ai constaté que la correspondance officielle entre chefs tigréens se fait en amharique ; presque tous, même s'ils sont fort peu instruits, savent quelque peu d'amharique. Tous les jeunes enfants plus ou moins apprentis clercs qui grouillent par la ville d'Axoum le parlent correctement. On peut donc à la rigueur traverser le Tigré sans interprète en ne sachant que l'amharique ; ce n'est que dans les tout petits villages qu'on peut se trouver embarrassé. Plus que bien d'autres faits, cette pénétration de l'amharique montre la force de l'unité abyssine.

En réaction à cette extension de l'abyssin, et avec un sens politique avisé, les Italiens entreprennent dans la colonie de l'Érythrée de répandre l'usage du tigriña comme langue écrite : l'administration commence à publier des arrêtés en tigriña et à faire usage de cette langue dans la correspondance officielle. Il sera curieux, si cette situation subsiste assez longtemps, de voir peu à peu une frontière politique artificielle (celle de l'Érythrée et de l'empire abyssin) devenir une frontière linguistique.

Après avoir tant bien que mal visité Axoum, et avoir encore allégé ma caravane de poids inutiles, je suis reparti sur Adoua, qu'on atteint facilement en quatre heures et demie.

Là j'ai été très bien accueilli par un employé du télégraphe italien. La ville d'Adoua, capitale actuelle du Tigré, est assez grande ; elle n'offre rien de très intéressant, sinon les souvenirs de la bataille de 1896 entre Italiens et Abyssins. D'Adoua j'aurais pu, en inclinant de suite au nord, gagner rapidement Addi Quala, le poste italien le plus rapproché. J'ai préféré suivre une route un peu plus longue et plus difficile, mais qui est celle que très probablement suivaient les gens de l'empire d'Axoum et même les premiers incurseurs sémites venus plus ou moins isolément dans le pays avant d'y constituer un empire.

Cette route se dirige d'abord vers le nord-est : on atteint Gendebta en cinq heures à partir d'Axoum, Addi-Kerās deux heures et demie après; c'est tout près de là que se trouve, à l'écart du chemin, l'antique Yeha, où on a découvert les plus anciennes inscriptions sabéennes connues en Abyssinie; je n'ai malheureusement pas eu le temps d'y aller. De Addi-Keräs on atteint en deux heures *Entikyo* (*Enticho* de la carte) et de là, par de durs chemins de montagne, en trois heures *Soriro;* de *Soriro* on arrive en quatre heures et demie à *Dabra-Dammo* : là s'élève sur un *amba* presque inaccessible une des plus vieilles églises d'Abyssinie; malheureusement la hâte d'arriver, la fatigue des gens et des bêtes et la peine (monnayable en perte de temps) qu'on avait à se ravitailler m'ont empêché de visiter ce monument intéressant.

A quatre heures et demie de Dabra-Dammo, après être descendu dans un creux profond et être remonté par une forte pente sur un plateau qui s'étend en face, on se trouve tout près de la frontière italienne; de là, en huit heures, on gagne Sanafé (*San'afä*). Un peu avant d'y arriver, j'ai trouvé des terrassiers en train de faire un petit chemin : c'était le premier signe qu'on sortait du pays de domination abyssine.

A Sanafé une maison européenne était prête à me recevoir et des guides m'attendaient, mis à ma disposition par le gouverneur de la province d'Akoulé-Koussay, M. Tornari, dont l'amabilité charmante m'accueillait ainsi à la frontière.

Accompagné de mes guides, j'ai vu à côté de Sanafé l'obélisque de *Maṭarā* avec son inscription en caractères éthiopiens non vocalisés, puis à une heure et demie de là les pierres de *Kaskase*, avec une inscription sabéenne; à une heure trois quarts plus loin se voient les ruines de Tokonda (*Təḳonda*); en bas d'une colline, les restes nouvellement déblayés d'un petit temple; en haut de la colline, dans un village, des inscriptions très effacées et des traits gravés sur pierre dont la signification est obscure. Il est désirable que les Italiens se hâtent de recueillir aussi complètement que possible ce qui est à la surface du sol en fait de vestiges anciens et fassent des fouilles aux endroits intéressants; cette région a certainement été très habitée anciennement et livrera encore très probablement des monuments importants.

A Tokonda se trouve une église rectangulaire, comme celle de Dabra-Dammo et la vieille église d'Asmara; ces constructions paraissent d'un type très ancien. Au reste ce n'est pas la moindre surprise qu'on ait pendant le parcours en pays tigréen, que de voir les constructions en pierre dont j'ai déjà parlé à propos d'Axoum ; elles font un contraste frappant avec les paillotes rondes, en bois et chaume des Abyssins : celles-ci viennent souvent se construire à côté même des maisons en pierre, et y paraissent les tristes marques d'une civilisation africaine inférieure qui a recouvert d'une vague en retour une civilisation importée, plus parfaite, mais morte d'épuisement sur ce sol.

A Tokonda on n'est plus qu'à une heure d'Addi-Qeyé : cet endroit est l'emplacement d'un ancien marché ; c'est une place de commerce importante et une ville de garnison, la première des garnisons italiennes vers la frontière dans cette direction : on y voit circuler les officiers et sous-officiers italiens et leurs ascari indigènes. C'est là que j'ai eu le plaisir de faire la connaissance du gouverneur de l'Okoulé-Koussay. A peu de distance de là se trouve *Kohaeyto* où des ruines étendues paraissent être celles de l'antique Koloé ; je n'ai pas eu le temps d'aller les visiter.

A Addi-Qeyé aboutit actuellement la belle route construite par les Italiens ; un service de courriers réguliers doit atteindre maintenant cet endroit ; en mai 1911 il n'allait que jusqu'à Saganayti, autre ville de garnison italienne où je suis parvenu en neuf heures de marche d'Addi-Qeyé ; là, j'ai abandonné ma caravane et pris la voiture du courrier qui m'a amené sans fatigue en une matinée au bout des 65 kilomètres qui séparent Saganayti d'Asmara ; mes hommes m'ont rejoint le lendemain sans encombre avec les mulets.

Ainsi s'est terminé mon voyage de quarante-huit jours en caravane, pour un millier de kilomètres ; tout s'était passé au mieux, sans accident et avec un minimum infime d'incidents : j'en garde une sérieuse reconnaissance aux Abyssins qui m'accompagnaient.

Je tiens à exprimer ici ma gratitude spéciale aux fonctionnaires italiens, et tout particulièrement à M. le marquis Salvaggio Raggi, gouverneur de l'Érythrée, et à M. Allori, directeur des affaires civiles. Ils m'ont facilité la liquidation de ma caravane (matériel et bêtes) par leur efficace complaisance.

J'ai été fort intéressé par ce que j'ai vu de l'œuvre coloniale des Italiens dans l'Érythrée ; ils me paraissent avoir tiré en fort peu de temps très bon parti des territoires qu'ils ont conquis ; les travaux publics, routes et chemins de fer ont été vite exécutés, l'impulsion donnée à la culture semble féconde et l'exportation en très bonne voie. L'activité des indigènes paraît intelligemment stimulée et utilisée.

J'ai profité de mon passage à Asmara pour me mettre en rapports avec la mission catholique et avec la mission protestante suédoise qui toutes deux publient des ouvrages intéressants sur les langues parlées dans l'Érythrée.

Au bout de quelques jours de séjour à Asmara, après avoir congédié mes muletiers, je suis allé en voiture prendre le train pour Massoua, au terminus provisoire (*Nafassit*); à ce moment en effet le chemin de fer n'aboutissait pas encore à Asmara.

A Massoua j'ai d'abord embarqué pour Djibouti mes domestiques personnels que j'avais promis de rapatrier ainsi. Puis, le 5 juin, je suis monté moi-même sur un bateau italien qui m'a débarqué quelques jours après à Naples; mon passage en Italie m'a permis de rendre visite aux principaux éthiopisants italiens, M. F. Gallina à Naples, MM. I. Guidi et C. Conti Rossini à Rome.

M. Cohen.

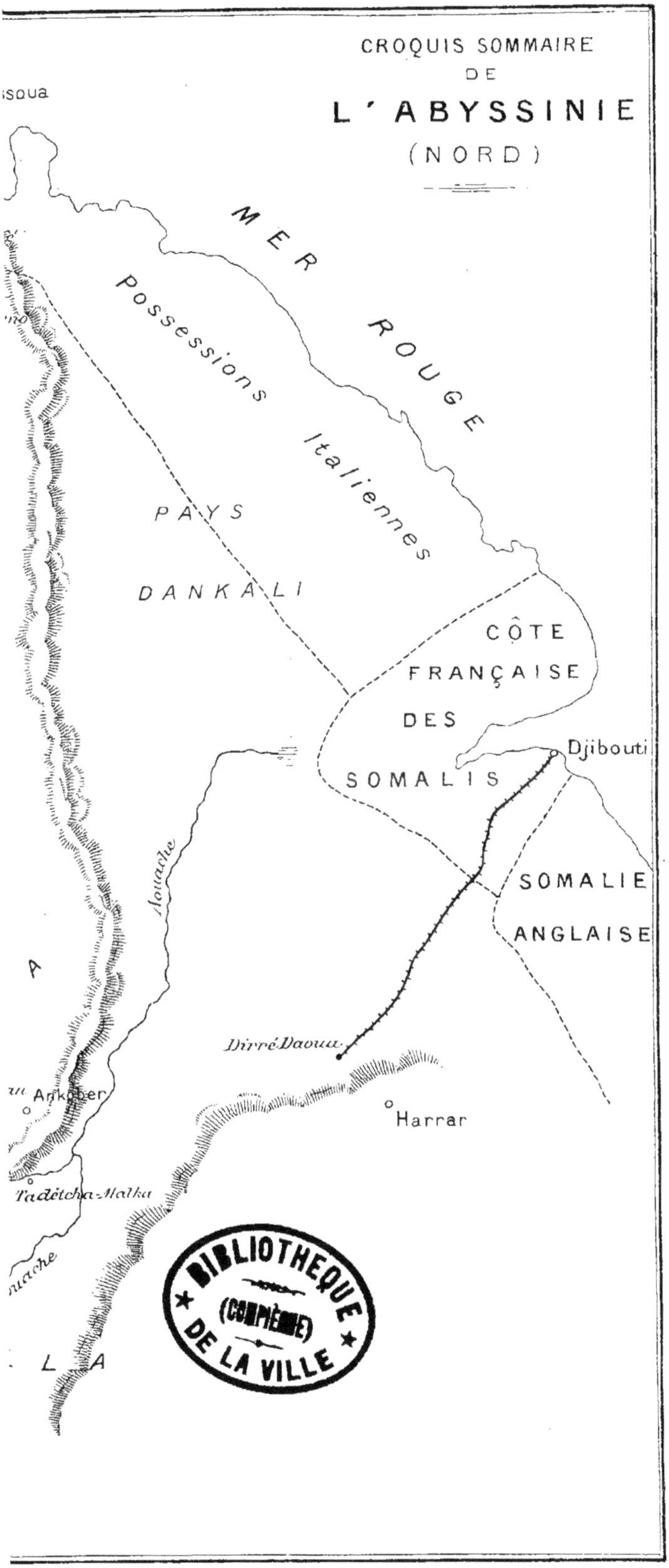

CROQUIS SOMMAIRE
DE
L'ABYSSINIE
(NORD)
MER ROUGE
Possessions Italiennes
PAYS DANKALI
CÔTE FRANÇAISE DES SOMALIS
Djibouti
SOMALIE ANGLAISE
Aouache
Dirré Daoua
Harrar
Ankober
Tadétcha-Malka

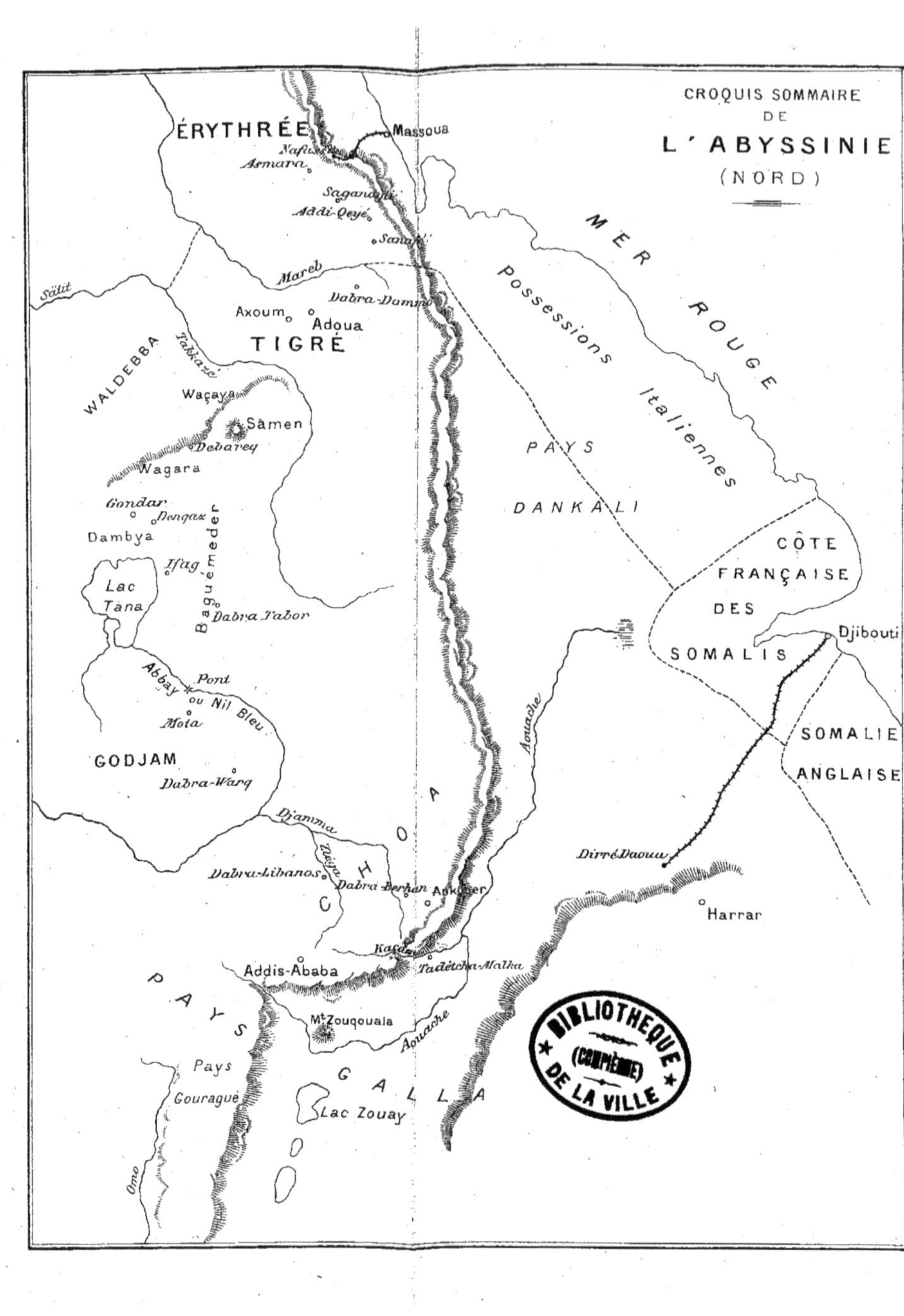

CROQUIS SOMMAIRE
DE
L'ABYSSINIE
(NORD)

ÉRYTHRÉE
Massoua
Nafasit
Asmara
Saganaïti
Addi-Qeyé
Sanaſi
Mareb
Dabra-Damo
Axoum
Adoua
TIGRÉ
Säīit
WALDEBBA
Takkazé
Waçaya
Sämen
Debarey
Wagara
Gondar
Dengaz
Dambya
Ifag
Baguémeder
Dabra-Tabor
Lac
Tana
Abbay
Pont
ou Nil Bleu
Mota
GODJAM
Dabra-Warq
Djamma
Ziega
Dabra-Libanos
Dabra-Berhan
Ankober
CHOA
Kafim
Addis-Ababa
Tadétcha-Malka
Mt Zouqouala
Aouache
PAYS
Pays
Gouragué
GALLA
Lac Zouay
Omo

MER ROUGE
Possessions Italiennes
PAYS
DANKALI
CÔTE
FRANÇAISE
DES
SOMALIS
Djibouti
SOMALIE
ANGLAISE
Aouache
Dirré-Daoua
Harrar

TABLE DES MATIÈRES.

SE TROUVE À PARIS

À LA LIBRAIRIE ERNEST LEROUX

RUE BONAPARTE, 28